Inovação e Tecnologia

Copyright © 2015 HSM do Brasil S.A. para a presente edição

Publisher: Marcio Coelho
Organização e edição: Lizandra Magon de Almeida
Produção Editorial: Pólen Editorial
Revisão: Hed Ferri
Diagramação: Carolina Palharini, Carlos Borges e Júlia Yoshino
Capa e projeto gráfico: Carolina Palharini

1º edição
Todos os direitos reservados. Nenhum trecho desta obra pode ser reproduzido — por qualquer forma ou meio, mecânico ou eletrônico, fotocópia, gravação etc. —, nem estocado ou apropriado em sistema de imagens sem a expressa autorização da HSM do Brasil.

Dados Internacionais de Catalogação na Publicação (CIP)
Angélica Ilacqua CRB-8/7057

    Inovação / Equipe editorial HSM ; organização de Lizandra Magon de Almeida. - São Paulo : HSM Editora, 2015.
    104 p. (Conhecimento HSM)

    ISBN: 978-85-67389-45-5

    1. Inovações tecnológicas 2. Ciência 3. Tecnologia I. Almeida, Lizandra Magon de

15-0798	CDD 509

Índices para catálogo sistemático:

1. Ciência e Tecnologia

Fonte dos verbetes de quarta capa:
MICHAELIS. Dicionário de Português Online. São Paulo: Melhoramentos, s/d. Acesso em jul. 2015.

Alameda Tocantins, 125 — 34º andar
Barueri-SP. 06455-020
Vendas Corporativas: (11) 4689-6494

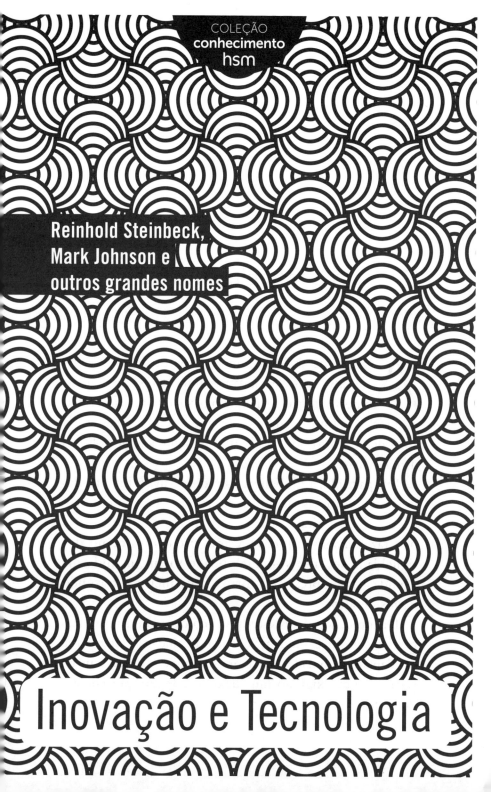

COLEÇÃO
conhecimento
hsm

Reinhold Steinbeck, Mark Johnson e outros grandes nomes

Inovação e Tecnologia

Coleção **conhecimento** hsm

A crise que abalou o mundo a partir de 2008 trouxe uma série de mudanças importantes ao cenário internacional de negócios. Na esteira da crise, o escândalo da Enron também obrigou as empresas a sair da zona de conforto no sentido de realmente adotar políticas de *compliance*.

Em paralelo, a globalização e o desenvolvimento das novas tecnologias da informação criaram paradigmas, e com isso muitas estratégias consagradas passaram a não fazer mais sentido. Questões prementes como desigualdade social e sustentabilidade foram incluídas na agenda das empresas de forma mais incisiva, trazendo novos desafios.

Diante disso, vários estudiosos começaram a rever suas teorias e postular mudanças, tentando ajudar as empresas a se adaptar à realidade que agora se impõe – e que muda a cada instante, exigindo uma flexibilidade sem precedentes do gestor.

A revista HSM Management, que sempre acompanhou de perto o pensamento internacional de gestão, vem cobrindo essas mudanças como nenhuma outra publicação brasileira, ao mesmo tempo em que contextualiza a visão de empresários brasileiros sobre os temas.

Nesta coletânea de artigos, apresentamos o que de melhor foi publicado pela revista em suas matérias originais, na segunda década do século 21, sempre com um viés prático, a fim de ajudar a traduzir os principais conceitos dos especialistas para o dia a dia das empresas.

Os dez livros da Coleção Conhecimento HSM – com temas de Liderança, Estratégia, Inovação e Tecnologia, Ética, Negociação, Sustentabilidade, Marketing, Varejo, Vendas e Empreendedorismo – certamente serão companhia indispensável ao gestor atual. Não pare por aqui, abra o livro e descubra como o mundo dos negócios pode ser mais bem entendido.

Boa leitura!

Inovação e Tecnologia

Sumário

Dois futuros	2
A inovação social aponta novos caminhos para as empresas	15
Implementar inovações, o lado menos conhecido	29
IBM, a n° 1 em patentes	38
Olha só quem está falando	45
O pensamento do design no Brasil	58
Inovar sim, mas sem perder o cliente de vista	66
A febre mundial dos clusters de inovação	73
Nosso varejo e o dilema da inovação	85
A urgência da inovação	90

Dois futuros

por Adriana Salles Gomes, editora-chefe de HSM Management, com a colaboração de **Chris Stanley**

Como disse Peter Drucker certa vez, futuro não se prevê, cria-se. Nesse quesito, há duas categorias de países, tanto no Ocidente como no Oriente: os que se baseiam em inovações tecnológicas para construir seu amanhã e os que dependem de inovações sociais para ter uma chance de se destacar. Dois especialistas que pensam no futuro o tempo todo discutem nesta reportagem o que pode acontecer: o norte-americano Ray Kurzweil, empreendedor e professor da Singularity University, e o brasileiro Silvio Meira, empreendedor e professor da Universidade Federal de Pernambuco.

Por volta de 2035, homens e mulheres possivelmente não conseguirão mais quebrar recordes em corridas, saltos, lançamentos e provas afins. A capacidade física humana terá chegado a seu limite e, a partir daí, apenas a interação com tecnologia permitirá melhorar desempenhos. Essa projeção, da Associação Europeia de Atletismo, lembrada pelo especialista em inovação Silvio Meira, serve como uma pista: o futuro será mais novo desta vez, diferente de uma continuidade do tempo presente, se começar com a transposição das limitações humanas por meio de uma reengenharia de corpo e mente.

Essa reengenharia, que já vem sendo desenhada por pessoas como o inventor norte-americano Ray Kurzweil, fundador da Singularity University e engenheiro-chefe do Google, ocorrerá em paralelo com o avanço tecnológico que criará máquinas cada vez mais inteligentes. A projeção é que, até 2050, todo trabalho humano que puder ser substituído por uma máquina o será, tanto nas nações mais ricas como nos chamados países emergentes. Seja nos Estados Unidos, seja no Brasil, os ônibus serão dirigidos por robôs, não por pessoas. Seja nos Estados Unidos, seja no Brasil, cirurgias cerebrais serão feitas por robôs, não por médicos.

Todas as pessoas deverão ser reencaminhadas para o trabalho criativo, o que significa que todo mundo terá de saber escrever software, como comenta Meira,

❝ O futuro será mais novo desta vez, se começar com a transposição das limitações humanas por meio de uma reengenharia de corpo e mente ❞

que é fundador do centro de inovação C.E.S.A.R, ligado à Universidade Federal de Pernambuco (UFPE), e do Porto Digital, o Vale do Silício brasileiro, além de membro do

Conselho de Desenvolvimento Econômico e Social, órgão assessor da Presidência da República.

Robôs fazendo nosso trabalho constituem um cenário delirante? Alguns indicadores sugerem que a probabilidade de ele se materializar já é significativa, como o de que a recuperação industrial observada na Europa e nos Estados Unidos não vem criando trabalho para pessoas. "O investimento em produção cresceu 30% de 2008 para cá, mas não gerou empregos. Ao contrário: entre 2008 e 2012, perdeu-se um milhão de postos de trabalho nas cem maiores regiões industriais dos Estados Unidos e, se formos contabilizar desde 1990, seis milhões de empregos desapareceram", diz Meira.

Conforme o especialista brasileiro, com a substituição do homem pela máquina em muitas atividades, só nos restarão as atividades criativas. "Resistir será impossível."

E, mesmo com a globalização, será esse futuro distribuído de modo equânime por países em fases distintas de seu ciclo de vida? HSM Management entrevistou, com exclusividade, o norte-americano Ray Kurzweil e o brasileiro Silvio Meira a esse respeito e descobriu que diferem os potenciais futuros das nações em desenvolvimento e das desenvolvidas. Enquanto as segundas têm um cenário projetado principalmente com base em oportunidades geradas por inovações tecnológicas, as primeiras desenharão seu futuro também com base nas ameaças tecnológicas e por meio de inovações estruturais e sociais.

O futuro de Ray Kurzweil

A primeira visão que Ray Kurzweil tem do futuro é a da abundância decorrente da popularização das impressoras tridimensionais, que invadirão as lojas de bairro e mesmo os lares, em sua projeção. Assim como hoje enviamos álbuns de música ou livros por e-mail, ele crê que, em pouco tempo, enviaremos uma calça, uma camisa ou qualquer outro produto. "Hoje já é possível imprimir 70% das peças necessárias para fazer outra impressora tridimensional, e isso chegará a 100% em cinco ou oito anos. Então, poderemos enviar uma impressora tridimensional para a Nigéria, e ali poderão imprimir outra, e então essas duas poderão imprimir quatro, e as quatro poderão imprimir oito. Muito em breve, todo mundo terá uma impressora tridimensional, que usa materiais muito baratos, e o mundo dos bens físicos se transformará por completo", argumenta.

Para ele, a sensação de que a escassez persistirá para sempre é uma percepção equivocada. As mesmas tecnologias que nos fazem mais inteligentes servirão para aumentar os recursos. Nós só ficaremos sem energia se nos limitarmos às soluções do século 19, como a dos combustíveis fósseis. "Teremos dez mil vezes mais luz solar do que a necessária em termos de energia, e vinda do Sol, de graça. Não podemos plugar a geladeira no Sol se não o convertemos em eletricidade, claro, mas existem inovações da nanotecnologia que permitem transformar a energia solar em eletricidade a custos cada vez mais baixos. O montante total de energia solar aumenta de maneira exponencial faz trinta anos: duplica a cada dois anos, o que significa que só falta duplicar sete vezes mais para satisfazer 100% da necessidade do mundo. Ou seja, em quatorze anos, poderemos usar toda a energia solar que quisermos a um custo muito mais baixo, e só estaremos utilizando uma milésima parte do que o Sol é capaz de gerar."

Kurzweil diz que algo parecido ocorre com a água: existe muita, mas não potável, e, com energia de baixo custo, poderemos torná-la potável. Idem para os alimentos e para o acesso à informação de qualidade. "Os melhores cursos de Harvard e do MIT [Massachusetts Institute of Technology] já podem ser feitos à distância sem custo e milhares de escolas na África já os estão fazendo. Em pouco tempo, estarão disponíveis em todos os idiomas e para todas as idades."

Outro desenho futurista de Kurzweil tem a ver com o que ele chama de singularidade, um fenômeno gerado pela união da inteligência do homem com a da tecnologia que este criou. Em sua contabilidade, até o momento, a evolução da humanidade atravessou quatro estágios: o da física e química, o da biologia, o do cérebro e o da tecnologia, e o próximo será o da "singularidade", que, assegura ele, começará por volta de 2029. "Trabalhamos nessa direção há milhares de anos: se não alcançávamos um galho mais alto para colher a fruta, achávamos um pedaço de pau para alcançá-la, e assim viemos expandindo nossos limites e melhorando nosso desempenho. Em 2029, teremos incrementado nosso conhecimento um bilhão de vezes, aumentando a inteligência das máquinas e, assim, aperfeiçoando as máquinas humanas."

Na entrevista a HSM Management, Kurzweil não titubeia ao chamar os homens de "máquinas humanas". "Já somos máquinas humanas, se você pensar bem. O iPhone que carrego em meu bolso é inteligência não biológica e me torna mais inteligente do que eu era há dez anos, porque posso ter acesso a todo o conhecimento humano apertando poucas teclas. Um dia, antes do que pensamos, um iPhone estará dentro de nosso cérebro, porque terá o tamanho de um glóbulo – alguns doentes de Parkinson já têm neuroimplantes", diz o especialista.

A consciência e sentimentos como o amor acabarão? Kurzweil admite que o mais difícil de reproduzir, em um computador, são as emoções humanas. "Emoção é uma das coisas mais inteligentes que existem. Ser divertido, ser sexy, ser amoroso são comportamentos complexos na vanguarda da inteligência humana. Mas acredito que um computador vai poder nos fazer rir ou chorar, tendo a essência do comportamento humano. E, por incrível que pareça, isso nos tornará mais humanos", observa ele com segurança.

A reumanização dos homens acontecerá, no raciocínio de Kurzweil, porque esse computador nos ajudará a superar as profundas limitações de nosso corpo e nosso cérebro. Por exemplo, não conseguimos lembrar muitas coisas nem temos lembranças confiáveis, tampouco somos tão coerentes ou criativos quanto poderíamos ser. "Se entendermos melhor a música, por exemplo, poderemos conceber composições muito mais grandiosas", afirma o inventor. Nosso cérebro, no neocórtex, possui somente 300 milhões de padrões de reconhecimento, o que representa uma limitação significativa, segundo ele. "Eu preferiria ter 500 milhões, você não? Imagine só quanto poderemos avançar como civilização a partir daí."

> **"Acredito que um computador vai poder nos fazer rir ou chorar, tendo a essência do comportamento humano"**

O impacto mais visível da singularidade futura talvez aconteça na área da saúde, na opinião de Kurzweil – ao menos, em um primeiro momento. "Antes de mapearmos o genoma humano, a medicina só descobria as coisas por acidente e avançava de maneira linear. Hoje, a medicina já é tecnologia da informação. Por exemplo, no departamento de nanotecnologia da Singularity University, projetamos glóbulos vermelhos robóticos, mil vezes mais poderosos do que sua versão biológica. Se substituirmos uma porção dos glóbulos vermelhos naturais por uma

" No Brasil e em outras nações emergentes, as inovações serão importadas e em menor escala, e o foco estará sobretudo nas grandes inovações estruturais e sociais, diz Meira **"**

versão robótica, poderemos correr uma prova olímpica por 15 minutos sem respirar ou ficar sentados no fundo de uma piscina durante quatro horas. Dentro de 25 anos, conseguiremos projetar glóbulos brancos robóticos para combater as bactérias e os vírus mais resistentes."

Em suma, em apenas quinze anos, Kurzweil enxerga uma sociedade muito mais criativa do que a atual. Segundo ele, as pessoas poderão estar em ambientes de realidade virtual com imersão total, tão realistas quanto a verdadeira realidade, e conceber pensamentos grandiosos apreciando e criando música, literatura e obras de arte em uma medida muito maior do que agora. Conseguirão aparecer em vários lugares ao mesmo tempo, dando conferências simultâneas em diversos pontos do globo.

O futuro de Silvio Meira

O estudioso brasileiro chega à mesma conclusão de Kurzweil quanto à maior criatividade humana no futuro, mas por outros meios. Ele não tem dúvida de que o cérebro humano passará por uma reengenharia, ampliando sua capacidade em volume e energia, por meio de uma simples conexão com a internet, como a que hoje os óculos de realidade aumentada fabricados, cuja tecnologia ainda está em desenvolvimento, podem prover.

Nem é preciso nanotecnologia sofisticada para que haja essa combinação entre homem e máquina, observa Meira. Ele pondera, no entanto, que as pequenas inovações previstas por Kurzweil ecoarão mais nos Estados Unidos e na

Europa em um primeiro momento. No Brasil e em outras nações emergentes, elas serão importadas e em menor escala, e o foco estará sobretudo nas grandes inovações estruturais e sociais. "Quando as famílias de um país chegam ao ponto de ir comprar todo o enxoval de seu bebê, incluindo berço, em Miami, nos EUA, por uma questão de custo, isso significa que esse país necessita de inovações estruturais radicais antes de qualquer coisa", comenta.

O especialista lembra que a primeira inovação estrutural, que parecia quase impossível, já foi feita: a criação de uma classe média brasileira. Isso era essencial e aconteceu de maneira relativamente rápida, o que prova a viabilidade de fazer mudanças com velocidade. A segunda inovação necessária, contudo, talvez seja mais desafiadora: mudar a mentalidade coletiva em prol do futuro. "Aqui temos mais gente pensando no passado do que no futuro, porque construir o futuro dá trabalho mesmo. Só que isso tem de ser modificado com urgência."

Alterar a mentalidade implica, na visão de Meira, alterar até a natureza de nossa democracia, que hoje se limita a ser uma democracia eleitoral e, por isso, imediatista. "Passamos todos os anos, o ano inteiro, tratando de eleição ou reeleição. O prefeito mal acaba de se eleger e já pensa em como ser eleito para o governo do Estado, e todos os agentes sociais embarcam nessa; ninguém se concentra nas mudanças essenciais, capazes de alavancar o potencial inovador." Se quisermos avançar, conforme o estudioso, precisaremos encontrar maneiras de transformar nossa democracia, talvez proibindo reeleições, talvez estendendo mandatos e certamente aprendendo a derrubar legalmente governos quando não entregarem os resultados prometidos, tudo em nome do longo prazo. Isso terá, é natural, impacto na mentalidade das próprias empresas.

Dois futuros   9

Outra inovação-chave para países emergentes tem a ver com o próprio redesenho do mundo. As cidades serão muito diferentes no futuro, projeta o especialista; elas constituirão as unidades de referência por excelência, em detrimento de estados, países ou até grupos de países como a União Europeia. "Além de autônomas, as cidades deverão ter modelo de negócio, porque terão de competir com uma Dubai, por exemplo, onde se consegue instalar uma empresa em 72 horas e obter visto para expatriar seu funcionário para lá em um dia. Ou os empresários e empreendedores brasileiros se mudarão para Dubai."

E as organizações? "As companhias de uma cidade formarão redes globais baseadas em hubs com empresas de outras cidades, olhando para o mundo, e não obrigatoriamente para vizinhos geográficos ou subsidiárias da mesma matriz, e fazendo com que um mesmo processo produtivo possa ter começo em Recife, meio em Hyderabad e fim em Londres, por exemplo." E as cidades alavancarão suas empresas.

Esse fortalecimento das cidades poderá ser particularmente penoso para o Brasil, avisa Meira, porque o País tem um sistema de governo verticalizado, em que os municípios possuem pouco ou nenhum poder. "Nem federação de estados conseguimos ser, quanto mais dar autonomia às cidades: todo prefeito de hoje vira pedinte em Brasília quando quer algo."

O quarto grupo de inovações estruturais, que inspirou protestos nas ruas, reúne o trio "mobilidade, saúde e educação", fatores que afetam fortemente a capacidade de inovação e a produtividade de um povo. Conforme o especialista, a solução para isso poderá ser tão extrema quanto uma redivisão territorial – algo que ainda não está em pauta no Brasil, mas vem sendo discutido em muitos lugares do

Quadro I

A reprogramação humana, por RAY KURZWEIL

Nos tempos primitivos, a expectativa de vida era de 25 anos. Pelo bem da espécie, não era necessário, nem desejável, que alguém vivesse muito uma vez que tivesse deixado descendência. O motivo era simples: não havia mais por que essa pessoa continuar a comer o escasso alimento da tribo. Afinal, a característica marcante de cinco mil anos atrás era a escassez.

Precisamos reprogramar essa informação genética na era da abundância. Eu gostaria de poder dizer a meu gene receptor de insulina que já não é necessário segurar cada caloria que recebe, porque agora há geladeiras para termos alimento de reposição. Sem essa reprogramação, assiste-se, entre outras coisas, a uma epidemia mundial de obesidade.

Já houve experimentos com animais que inibiram esse gene ancestral. Os bichos comiam vorazmente, permaneciam magros e tinham benefícios na saúde, entre os quais o não desenvolvimento de diabetes e de problemas cardíacos, o que os fez viver 20% mais. Agora, estão trabalhando em um medicamento para os humanos. E não é apenas esse gene que gostaríamos de inibir, mas muitos, como os que ocasionam ou permitem os ataques cardíacos e os acidentes vasculares cerebrais. Isso acontecerá mais cedo do que se imagina.

Também gostaríamos de poder acrescentar genes faltantes, é claro. Existe determinado gene, por exemplo, cuja ausência aumenta as chances de desenvolver uma enfermidade chamada hipertensão pulmonar, que é terminal, com expectativa de vida de um ano.

Eu pessoalmente participei de um experimento em que retiramos células do corpo dos animais com essa doença. Coletamos células da garganta e, em uma placa de Petri, acrescentamos esse gene, usando técnicas novas. O procedimento funcionou e então o gene se duplicou milhares de vezes, exponencialmente. Assim, obtivemos vários milhões de células com o DNA dos animais, contendo o gene faltante. Nós as injetamos na corrente sanguínea dos animais e o corpo as reconheceu. As células chegaram aos pulmões e a enfermidade fatal se curou. Já estamos no ponto de testar isso com humanos.

planeta. O risco de desintegração nacional será real, o que talvez funcione como fator de pressão a favor da aceleração das inovações estruturais.

Em paralelo a uma reorganização político-geográfica, Meira antevê a incorporação de uma visão da América Latina aos processos decisórios públicos e privados brasileiros. "Se não pensarmos em termos de América Latina, poderemos pagar caro: toda vez que o contexto for ruim nesses países, haverá forte emigração para o Brasil, para a qual não estamos preparados. Devemos aprender a trabalhar pelo sucesso deles tanto quanto pelo nosso e isso será uma imensa inovação."

Quanto à revolução gerada pela impressão 3D, Meira diz não compartilhar a crença de Kurzweil. "Não creio que isso tenha um nível de utilidade significativo para a economia ou que ameace a indústria; o elevado preço do 'jato de tinta' dessa impressora e a limitação do material, normalmente plástico, farão com que ela seja usada principalmente no mercado de peças de reposição." Ele crê em avanços tecnológicos rumo à real oferta de customização em massa pelas empresas.

Otimismo razoável

Kurzweil lembra que vivemos os tempos mais tranquilos da história e crê que isso continuará assim. "Mesmo o sangrento século 20 não pode se comparar ao século 15, quando os recursos eram tão limitados que buscar satisfazer as necessidades básicas gerava conflitos violentos. Quando criamos mais recursos graças à tecnologia, a escassez diminui e os conflitos decrescem", diz o visionário, reforçando sua crença na abundância e na maior criatividade.

Meira também é otimista em relação ao Brasil. "Uns cinquenta anos atrás, os latifúndios dominavam o País", afirma.

O especialista da UFPE explica que "o desafio está na velocidade: melhoramos muito devagar, temos de acelerar". Nem a substituição da mão de obra humana pelas máquinas em larga escala o leva ao pessimismo, mesmo com 75% de analfabetismo funcional no Brasil. "Já passamos por inovações tão dramáticas quanto esta e nos reinventamos."

Quadro 2

Previsões de dois oráculos

Longevidade. Em 15 anos, a expectativa de vida aumentará no ritmo de um ano por ano, o equivalente a dizer que se estenderá ao infinito, segundo Kurzweil. "Evite acidentes e viverá mais de um século", diz ele. Meira marca o mesmo tempo de quinze anos como o fim do bônus demográfico brasileiro, período em que a população economicamente ativa é maior do que a inativa. "As coisas vão piorar primeiro para melhorar depois, porque pagaremos o preço de não ter aproveitado o bônus."

Evolução. "Somos responsáveis por uma evolução tecnológica que, em 2030, nos permitirá criar entidades conscientes não biológicas. Não será necessário ter substrato biológico para possuir consciência, pode ser uma máquina a tê-la", afirma Kurzweil, dizendo, em outras palavras, que os homens se tornarão espécies de deuses ao criar máquinas inteligentes. Ele também projeta as máquinas humanas, que são os homens turbinados pela tecnologia, e Meira prefere projetar uma evolução por esse caminho como um sistema de ampliação da capacidade do cérebro por meio das redes sociotecnológicas. "O cérebro será diretamente conectado à internet e tudo passará por pessoas se articulando em rede sem fronteira alguma."

Negócios. Para Kurzweil e Meira, as maiores oportunidades serão as ligadas a inovações de ruptura. "Muitas aplicações aguardam para ser exploradas assim que houver um custo mais competitivo; observe essas tendências e você saberá como é possível ganhar dinheiro em um futuro próximo", diz Kurzweil. Segundo ele, que crê nesse cenário para a impressão 3D, entre outras coisas, inovações aparecem sempre que o custo de desenvolvê-las cai: as redes sociais não existiam em 2000 porque o custo de desenvolvê-las só se tornou razoável em 2006 – e o mesmo ocorreu com os mecanismos de busca.

Meira acredita que, no Brasil, é preciso adaptar essa lógica, cruzando a oportunidade de inovar com os espaços em que se consegue atuar sem depender muito dos fatores do custo Brasil, como a logística dos portos. "Fugir do custo Brasil é algo que tem de ser levado em conta na decisão de investimento para o futuro: se um concorrente da empresa puder obter componentes a cada três dias lá fora, *just in time*, e aqui, por nossas ineficiências, o mesmo procedimento requerer três meses, o negócio não valerá a pena, mesmo com custo competitivo." O especialista brasileiro crê ainda que a impressão 3D se limitará ao mercado de reposição e aposta mais na customização em massa.

A inovação social aponta novos caminhos para as empresas

por Silvio Anaz, colaborador de HSM Management

O negócio social cria paradigmas para o futuro ao aliar geração de lucros com impacto socioambiental positivo, mas o Brasil ainda está atrasado em sua implantação.

Em janeiro deste ano, Suzana e Cláudio Pádua, do Ipê, foram dois dos empreendedores brasileiros presentes na reunião anual do Fórum Econômico Mundial, em Davos, Suíça. Só que o Ipê não é uma empresa convencional; o negócio do Instituto de Pesquisas Ecológicas é promover o desenvolvimento sustentável e a conservação da biodiversidade em comunidades pobres no Brasil.

A presença de uma organização como o Ipê no que se considera o evento máximo do capitalismo mundial mostra quanto o mundo corporativo vem mudando. Mais do que maquiagem politicamente correta, uma nova mentalidade empresarial está em ascensão, disposta a participar de soluções inovadoras para problemas socioambientais de maneira eficaz, eficiente, sustentável e que crie valor para a sociedade como um todo. Essa é a definição de "inovação social" adotada pela Stanford University, referência na área, e uma diferença-chave é que ela aceita o lucro.

A inovação social é apresentada como um avanço em relação ao empreendedorismo social, normalmente associado a organizações sem fins lucrativos. E, com ela, surgem o negócio social e o empreendedor inovador social. Segundo a Schwab Foundation, outra das referências da área, esse empreendedor deve reunir as características de Richard Branson, empresário britânico, fundador do grupo Virgin, com mais de 400 empresas e 70 mil funcionários, e as de madre Teresa de Calcutá, missionária católica ganhadora do Prêmio Nobel da Paz e beatificada.

Nova mentalidade dos investidores

Em um mundo repleto de pobreza, ameaças ambientais, epidemias e desigualdade social brutal, era questão de tempo que ações de inovação social se tornassem tão importantes para a economia quanto as iniciativas de negócios convencionais e fossem apresentadas em Davos.

Na verdade, a inovação social tem conseguido mudar a maneira como os agentes do capitalismo avaliam o retorno sobre o investimento. Em estudo patrocinado pela Schwab Foundation, Richard Ruttmann, estrategista do banco Crédit Suisse, afirma que os investidores estão progressivamente rejeitando a noção de que têm de escolher entre investir pelo máximo retorno financeiro, ajustado ao grau de risco, e doar o dinheiro para uma causa social e ambiental.

"Cada vez mais investidores vêm agindo no sentido de aplicar os recursos em atividades que gerem impactos social e ambiental tangíveis e, ao mesmo tempo, apresentem retorno financeiro potencial", afirma Ruttmann, embora admita que os investimentos sociais de maior impacto ainda dependem de ações de indivíduos ou de fundações que sejam muito ricas. "As corporações apenas começam a se envolver diretamente em negócios sociais. Para que todo o potencial disso seja realizado no longo prazo, um próximo passo é tornar disponíveis mais 'produtos' padronizados de aplicação em negócios sociais para investidores institucionais."

Nos últimos dez anos, os empreendimentos sociais de todo tipo adotam cada vez mais ferramentas e metodologias próprias das empresas, além de contratarem profissionais originários delas, na avaliação do professor Marcus Nakagawa, da Escola Superior de Propaganda e Marketing (ESPM), idealizador e presidente do conselho deliberativo da Associação Brasileira dos

> **❝ Mais do que uma moda politicamente correta, a inovação social traduz uma mentalidade empresarial em ascensão, disposta a resolver os graves problemas da sociedade ❞**

Profissionais de Sustentabilidade (Abraps). "Os empreendedores sociais, principalmente as organizações não governamentais [ONGs], começaram a medir muito de suas ações e resultados", afirma ele. "Agora as grandes empresas buscam esses empreendedores para parcerias."

Nakagawa crê que a inovação social pode ser o caminho para solucionar questões que nem o mercado nem a ação governamental conseguem resolver. "Acredito que a sinergia e o conhecimento técnico, somados a uma real vontade de transformação, ajudarão nosso país a dar um passo a mais na direção do real desenvolvimento."

E, de quebra, podem mostrar um caminho futuro também para as empresas que, na busca do lucro, vêm sofrendo uma crise de legitimidade e uma rejeição pela sociedade sem precedentes, como diz o especialista em estratégia Michael Porter.

O que Drucker viu

O interesse crescente pelas empresas sociais foi antecipado por Peter Drucker no final dos anos 1980. Em artigo na *Harvard Business Review*, ele chamou a atenção sobre o que as empresas poderiam aprender com as organizações sem fins lucrativos, utilizando como exemplos a organização das bandeirantes, a Cruz Vermelha e as igrejas pastorais.

Segundo Drucker, essas instituições adotavam práticas de administração de excelência que as empresas com fins lucrativos dos Estados Unidos nem sonhavam ter e mereciam ser copiadas. "Nos campos da estratégia e da eficácia do conselho de administração, essas instituições praticam o que a maioria das empresas norte-americanas apenas prega", escreveu.

A partir daí, o que se tem visto é uma profusão de histórias bem-sucedidas de iniciativas que aplicam soluções de negócios para resolver problemas sociais. As empresas sociais buscam fazer com que seus negócios sem fins lucrativos se sustentem financeiramente em vez de depender de doações.

A adoção de atividades que geram receitas para organizações sociais criou um novo modelo de operação, no qual os princípios do negócio, as características do mercado e os valores (competição, diversificação, empreendedorismo, inovação e foco no resultado financeiro) coexistem e trabalham com os valores tradicionais do setor público, como ser responsável perante a comunidade e servir ao interesse de todos. O The Jeff Skoll Group é um exemplo disso. Primeiro presidente do eBay e responsável por fazer do site o maior mercado on-line do mundo, Jeffrey Skoll também fez da Skoll Foundation uma das maiores instituições voltadas para a inovação social do planeta. A fundação investe hoje em 85 negócios sociais, cujos projetos beneficiam comunidades em cem países. Em 2009, dez anos depois de criar a Skoll Foundation, ele fundou o Skoll Global Threats Fund, fundo cujo foco inicial está em cinco das maiores ameaças atuais para a humanidade: mudanças climáticas, escassez de água, pandemias, proliferação nuclear e conflitos no Oriente Médio.

Essas e outras iniciativas de Skoll são supervisionadas e apoiadas pelo The Jeff Skoll Group, holding que controla também as atividades comerciais de outras empresas de Skoll, como a Participant Media, de produção cinematográfica, cujos filmes já receberam sete Oscars. Estas geram receita para aquelas.

Perigos: expectativas e entropia

A inovação social já viralizou, de certa maneira. Protagonistas do movimento, como Wendy Kopp, criadora do Teach for America (organização que oferece educação para crianças

❝ Se há dez anos quase ninguém sabia quem eram os empreendedores sociais e o que faziam, agora um número crescente de pessoas tem a expectativa de que eles salvem o mundo ❞

em comunidades carentes), e Paul Farmer, um dos fundadores da Partners in Health (instituição internacional de assistência médica para pessoas em situação de extrema pobreza), são tratados como verdadeiros astros do rock. Roger Martin, reitor da Rotman School of Management, da University of Toronto, e membro do conselho de administração da Skoll Foundation, vê nisso alguns desafios que precisam ser reconhecidos e superados se o movimento deseja prosperar. Um deles é a alta expectativa.

Martin explica que, quando algo supera as previsões iniciais, as expectativas em relação a ele disparam. Isso acontece no mercado tradicional, como com as ações de uma empresa na bolsa de valores, e também tem acontecido em relação às iniciativas de inovação social. Ele afirma que, se há dez anos quase ninguém sabia quem eram os empreendedores sociais e o que faziam, agora um número crescente de pessoas tem a expectativa de que eles salvem o mundo.

"Ninguém pode resolver todos os problemas do mundo", ressalta Martin. "Os inovadores sociais podem trabalhar com os governos, as empresas, as ONGs para abordar os problemas globais e avançar em suas soluções. Devemos ser francos sobre o que a inovação social pode e não pode fazer."

Outro desafio apontado por Martin é a entropia e, mais uma vez, o mercado tradicional serve de referência. Corporações bem-sucedidas crescem e, como fez a IBM nos anos 1980, expandem seus domínios para setores distantes de seu negócio principal. Isso faz dissipar a energia da empresa e mudar sua cultura.

Para evitar a entropia, Martin diz que as empresas sociais devem estar atentas à maneira como aplicam seus novos recursos e às mudanças na cultura e mentalidade da organização. "Inovação social não é tudo e não pode fazer de tudo", alerta. "É importante especificar o que pode ser realizado, para que seja possível moldar e adequar as expectativas, e estudar os modelos de sucesso em um setor específico, para manter o foco."

Evitar a perda do foco no negócio principal é uma das preocupações do trabalho de apoio aos empreendedores sociais feito pela Ashoka, instituição mundial pioneira na inovação social. Claudia Durán, diretora da Ashoka no Brasil, afirma que há casos em que um mesmo empreendedor social criou diferentes empresas sociais para dar conta de suas múltiplas iniciativas. "O empreendedor social perde o foco também na captação de receita, porque está precisando diversificar suas fontes de receita", diz.

No Brasil

A Ashoka tem uma rede mundial com 3,5 mil empreendedores sociais, sendo 350 deles no Brasil – país que, ao lado da Índia, tem o maior número de empreendedores apoiados pela instituição. "A Ashoka apoia a pessoa e não o projeto. Então, o empreendedor social pode ter ao longo da vida mais de um projeto e a Ashoka vai apoiar todas as iniciativas que ele desenvolver", explica Durán.

Cerca de 80% dos projetos desenvolvidos pelos empreendedores sociais apoiados pela Ashoka conseguem, em um prazo de cinco anos, influenciar a política pública, segundo Michelle Fidelholc, responsável pela busca e seleção de empreendedores sociais no País. "No processo de seleção, nós nos certificamos de que os candidatos têm essa ideia de impacto sistêmico. Não basta um impacto pontual, em uma área específica; é preciso mudar o sistema de determinada área e a iniciativa deve poder ser replicada."

Exemplo desse impacto social sistêmico foi o projeto de eletrificação rural a baixo custo desenvolvido por Fábio Rosa. Um dos primeiros empreendedores sociais apoiados pela Ashoka no Brasil, e considerado um caubói brasileiro contemporâneo pela Skoll Foundation, Rosa desenvolveu um projeto que não só levou eletricidade a comunidades pobres, como também serviu de referência para o programa federal "Luz para Todos".

Outro case é o de João Joaquim de Melo Neto, também apoiado pela Ashoka, criador do Banco Palmas. Ele iniciou em 1997 a estruturação de um sistema financeiro integrado de apoio a uma cadeia produtiva sustentável para áreas de baixa renda. A organização do sistema é baseada no capital solidário, com microcrédito e criação de uma moeda local própria (que circula em paralelo ao real), na produção sustentável, no consumo local e ético e no comércio justo. Além dos resultados imediatos no Conjunto Palmeiras, em Fortaleza, Ceará, a iniciativa de Melo Neto levou ao surgimento de outros bancos comunitários, e, em 2005, o governo federal lançou o Programa Nacional de Microcrédito Produtivo Orientado.

A inovação social no Brasil é mais forte nas áreas de educação, assistência social e saúde, conforme Nakagawa. Dos dez negócios sociais acelerados pela Artemísia, organização de fomento de negócios sociais, que começaram em 2013, seis são de educação.

O que falta

Para o negócio social deslanchar, no mundo inteiro, faltam principalmente empreendedores capacitados, além de uma superação cultural da benemerência ou caridade. E isso é especialmente verdade quando se pensa no Brasil. "Aqui há um receio de que ocorra a mercantilização dessa atividade, gerada por puro desconhecimento do assunto e das possibilidades existentes", diz Ismael Rocha, diretor do Yunus ESPM Social Business Centre.

Durán, da Ashoka, é otimista. Ela vê os jovens na faixa dos 20 aos 30 anos optando pelo formato organizacional dos negócios sociais e pensando na sustentabilidade financeira desde o início. "Já chegamos a um ponto de virada e nos planejamos para trabalhar nos próximos dez anos focando quatro habilidades: empatia, capacidade transformadora, liderança colaborativa e trabalho em equipe. A ideia é chegar ao próximo ponto de virada, o das habilidades de transformação."

Um mar de nomenclaturas

Aos poucos, saem de cena a filantropia e a responsabilidade social empresarial (RSE) e entra o conceito de inovação social, que remete a encontrar, para um problema social, uma nova solução que seja mais eficaz, eficiente, justa ou (especialmente) sustentável do que as soluções já existentes, e que, prioritariamente, gere valor para a sociedade como um todo em vez de beneficiar apenas alguns indivíduos. Essa solução pode vir de uma nova ideia, uma abordagem diferente, uma aplicação mais rigorosa de tecnologias ou estratégias, ou, ainda, de uma combinação de tudo isso.

O uso da expressão "inovação social" geralmente implica o envolvimento de empresas com fins lucrativos. Há quem chame isso de empreendedorismo social, porém mais recentemente essa expressão é rejeitada por quem acha que empreendedorismo não implica necessariamente inovação.

Empreendedorismo social não inclui fins lucrativos de maneira obrigatória.

A inovação social costuma ser criada no âmbito do negócio social, também conhecido como organização híbrida. Trata-se de uma empresa com produtos e serviços que resolvem problemas socioambientais, guiada por um modelo de negócio que visa o lucro. Uma mesma organização pode combinar os dois tipos de atividades (as que geram lucro e as que não geram) ou um conjunto de empresas combina as diferentes atividades complementarmente.

A indústria formada pelos negócios sociais vem sendo chamada de setor 2.5 (dois e meio), justamente por se localizar entre o segundo setor (empresas com fins lucrativos) e o terceiro (organizações sem fins lucrativos).

Tanto o gestor de um negócio social como o agente independente de inovação social são denominados empreendedores sociais. Já os gestores públicos que praticam a inovação social, sendo hábeis para fazer mais com os mesmos recursos, começam a ser batizados de modo diferenciado, como empreendedores cívicos, definição do ex-editor do jornal *Financial Times*, consultor do governo britânico e da União Europeia Charles Leadbeater.

Embora ainda não haja realmente um padrão na terminologia setorial adotada, esse glossário é útil.

Formando inovadores sociais

A formação de empreendedores sociais é uma preocupação central de todas as instituições voltadas para a inovação social, em todo o mundo. A Schwab Foundation oferece, em conjunto com as universidades de Harvard, Stanford e Insead, bolsas de estudo nos cursos de formação de executivos para empreendedores sociais selecionados em vários países. A Bertha Foundation, na África do Sul, em parceria com a University of Cape Town, distribui aos inovadores sociais bolsas de estudo e encoraja a realização de pesquisas sobre os desafios sociais mais urgentes na África. A UnLtd India é uma incubadora que trabalha com empreendedores sociais em estágio inicial de atuação, com quatro programas: uma incubadora, um encontro para acelerar os negócios (bootcamp), um laboratório e espaço compartilhado de trabalho e uma conferência nacional voltada para os empreendedores sociais iniciantes.

> **❝ Tanto o gestor de um negócio social como o agente independente de inovação social são denominados empreendedores sociais ❞**

Escolas de negócios brasileiras têm criado cada vez mais cursos de formação de empreendedores sociais, e é especialmente respeitado o programa "Guerreiros Sem Armas", do Instituto Elos, que existe desde 1999. Nele, jovens de vários países aprendem na prática, atuando durante um mês em comunidades carentes – a metodologia de ensino é estruturada nos níveis filosófico, mitológico e instrumental.

Resgate da legitimidade

O conceito de negócio social começou a ganhar corpo com C.K. Prahalad e seu livro *A Riqueza na Base da Pirâmide*, escrito em 2005 com Stuart Hart. Para ele, as grandes empresas podiam ajudar a diminuir a desigualdade social vigente e ainda obter lucro com isso. Em 2011, o especialista em estratégia competitiva Michael Porter, durante décadas identificado como o maior defensor da maximização do lucro, foi além, ao afirmar que as empresas precisam dos clientes de baixa renda, porque o crescimento se esgota nos mercados já explorados, e que é a melhor maneira de resgatarem a legitimidade perdida na sociedade, ao serem associadas a ganância.

Tanto para Prahalad como para Porter, o conceito de responsabilidade social empresarial (RSE) não resolve o verdadeiro problema corporativo, que, nas palavras de Porter, está em otimizar o desempenho financeiro de curto prazo e ignorar as necessidades mais importantes do cliente e as questões que determinam seu sucesso no longo prazo.

Brasileiros perguntam por que não?

Levantamento feito pelo Global Entrepreneurship Monitor (GEM) com 150 mil pessoas, em 49 países, em 2009, identificou que, na média mundial, 2,8% da população adulta em idade de trabalhar está envolvida em atividades de empreendedorismo social. Mas, no Brasil, a pesquisa mostrou que apenas 0,4% da população está envolvida nesse tipo de atividades, enquanto nos Estados Unidos a participação é de 5% da população, e na Argentina, de 7,6%.

Nakagawa entende que algumas variáveis fazem com que os brasileiros não tenham um engajamento tão alto para o empreendedorismo social. "Uma delas é a religião, que faz com que as ações sejam principalmente filantrópicas e assistencialistas e não resolvam o problema na raiz; outra é o momento econômico, no qual a maioria da população está preocupada em consumir o que nunca consumiu e, como última variável, ainda não há massa crítica para esse tema no País, pois falta mais divulgação, capacitação e visibilidade."

Já Henry Mintzberg, especialista em gestão da McGill University, vê o Brasil como um terreno especialmente fértil em inovação social, por três fatores principais. Em artigo escrito com Guilherme Azevedo, ele aponta o que chama de atitude "por que não?", em oposição à mentalidade "por quê?". Segundo ele, cada vez que algo novo é proposto, os brasileiros perguntam "por que não?", no sentido de "vamos tentar isso; se não der certo, tentamos outra coisa". Haveria certo orgulho e sentimento de independência e confiança na ideia de "vamos fazer sozinhos". Outro fator é um ecletismo unificado, fruto da miscigenação e de uma identidade cultural unificada. Por fim, haveria aqui um "humanismo de conexão", já que relacionamentos e negociações são coisas mais naturais para os brasileiros

Para Ismael Rocha, diretor do Yunus ESPM Social Business Centre, o negócio social é especialmente viável no Brasil não só porque o País possui diversos problemas sociais evidentes e em grande monta, mas também porque o brasileiro é solidário e é empreendedor nato – herança de portugueses, espanhóis e mouros. "O que lhe falta é capacidade de gestão."

Quadro I

Modelos do negócio social

Estudo patrocinado pela Ashoka e pelo Instituto Walmart mostra que o negócio social, que gera lucro e benefícios para a sociedade, surge como a principal tendência. A análise revela também as perspectivas da empresa social pelo mundo.

O professor Marcus Nakagawa, da Escola Superior de Propaganda e Marketing (ESPM), destaca a necessidade de melhorar a legislação no Brasil para as questões híbridas envolvendo o terceiro e o segundo setores focado na área social. "Não temos legislação específica para esse setor 'dois e meio'", alerta. "A maioria dos empreendedores sociais no Brasil escolhe as

ONGs como base, porque para elas existem melhores referências de gestão e legislação. Nos negócios sociais, ainda estamos na discussão conceitual sobre se e quando o empreendedor ou sócio da empresa pode ou não fazer uma retirada de lucro."

ESTADOS UNIDOS: O negócio social é organizado em múltiplas formas organizacionais e jurídicas. Os norte-americanos entendem os negócios sociais como organizações de problemas sociais.

EUROPA: A empresa social tem sua formalização jurídica na maioria dos países e é fruto da tradição da economia social europeia; prega o associativismo e o cooperativismo.

BRASIL E OUTROS PAÍSES EM DESENVOLVIMENTO: Não há formato jurídico específico para negócios sociais. Eles acabam sendo estruturados sobre outros modelos jurídicos existentes. Nesses países, o negócio social enfatiza iniciativas de mercado que visam a redução da pobreza e a ampliação das ações de inclusão social.

Implementar inovações, o lado menos conhecido

por Viviana Alonso, colaboradora de HSM Management

Como implantar a inovação com sucesso? O especialista Chris Trimble apresenta esta, que é uma das execuções mais estratégicas de uma empresa nos dias atuais: a execução em inovação. Segundo ele, uma das chaves do sucesso de um novo produto, serviço ou modelo de negócio é a solução dos conflitos que, inevitavelmente, surgem entre as pessoas responsáveis pela operação do dia a dia e pela inovação.

É comum pensarmos em conceitos inéditos, novos produtos ou slogans revolucionários, mas não é nada usual associarmos inovação a execução. Isso explica por que tantas boas ideias permanecem no papel e não conseguem vingar na prática, argumenta o especialista Chris Trimble, professor da Tuck School of Business, da Dartmouth University. Segundo ele, a execução é peça fundamental da inovação. "Thomas Edison fez a mesma observação há mais de um século: o gênio é composto de 1% de inspiração e 99% de transpiração. O processo típico de inovação foca gerar ideias, aperfeiçoá-las, escolher as melhores e, por fim, implementá-las", assinala. "Como resultado, as empresas têm mais ideias do que capacidade de implementá-las, e muitas nunca chegam a se concretizar."

Seu último livro, *O Outro Lado da Inovação – A Execução como Fator Crítico de Sucesso* (ed. Campus), baseia-se em estudos sobre as melhores práticas de execução de inovação, tarefa que exigiu dez anos de Trimble e de seu colega Vijay Govindarajan, consultor de inovação da General Electric. Ele explica as principais conclusões dessa ampla análise, como os papéis da liderança e dos funcionários, que ele chama de "motor de desempenho", e descreve um método para resolver os conflitos que surgem quando se tenta concretizar as propostas que rompem com o modelo estabelecido.

Segundo Trimble, as empresas não foram criadas para a inovação, mas para a eficiência. Quando nascem, tudo é inovação, mas, quando alcançam seu primeiro sucesso comercial, surge a exigência de maximizar a rentabilidade. E essa demanda aumenta, conforme a organização cresce e amadurece. É uma evolução natural e inexorável: no início, os investidores querem inovação e crescimento; mais tarde, buscam lucros e, para satisfazer os sócios, as empresas se concentram em produtividade e eficiência. A pressão por resultados é a força que impulsiona as companhias maduras, que se transformam em "motores de desempenho". Quando essa mudança de mentalidade acontece, explica Trimble, premidas pela busca de lucros, as empresas passam a desvalorizar qualquer projeto que não traga contribuição imediata. "A maior força a favor do desempenho é a repetição e a previsibilidade das tarefas, mas essa também é sua maior limitação", explica. "Isso porque as inovações são, por definição, incertas e extraordinárias; saem da rotina, o que gera conflitos entre os funcionários que se ocupam das operações – que eu chamo de motor de desempenho – e os que levam adiante as inovações."

❝ As empresas não foram criadas para a inovação, mas para a eficiência ❞

Os conflitos surgem por razões práticas e emocionais. As práticas, afirma o autor, são relacionadas à concorrência por recursos, tanto dinheiro quanto de acesso a ativos fundamentais, como uma fábrica ou o uso de uma marca. As pessoas que administram a operação do dia a dia costumam se inquietar com a possibilidade de as inovações trazerem danos à marca ou ao negócio central.

"Mas também há conflitos emocionais. Amiúde, as que estão envolvidas em novos projetos pensam que representam o futuro e são arrogantes, o que irrita as demais. Às vezes, o oposto ocorre: os responsáveis pela inovação se sentem marginalizados e desvalorizados pelos outros. Qualquer que seja a origem dos desentendimentos, é fundamental superá-los. A solução é forjar uma associação entre as pessoas dedicadas exclusivamente à inovação e as que se ocupam do dia a dia da empresa", destaca.

Há três passos básicos para se conseguir essa associação, na opinião de Trimble. Primeiro, é preciso determinar as respectivas responsabilidades daqueles que são o motor de desempenho e da equipe que se encarregará da inovação. Segundo, deve-se constituir a equipe de inovação. Terceiro, o líder da inovação deve fomentar a colaboração entre todas as áreas da empresa.

Cabe ao gestor, então, estabelecer as responsabilidades e seu primeiro impulso tende a ser agregar tarefas às pessoas que estão no dia a dia. "Porém, há duas limitações a isso. Uma é óbvia: algumas inovações exigem capacidades que a maioria das pessoas não possui. A outra tem a ver com as relações de trabalho e a dificuldade para mudar a maneira com que as pessoas costumam interagir", afirma.

"É difícil conseguir que duas pessoas que costumeiramente não mantêm contato comecem a colaborar de maneira estreita em um novo projeto enquanto uma delas continuar responsável pelo dia a dia. Se não estão acostumadas a trabalhar juntas e suas tarefas diárias não lhes exigem se comunicar, é quase impossível que estabeleçam vínculo", acredita o pesquisador.

Segundo ele, quando a BMW desenvolveu seu carro híbrido, por exemplo, teve de formar um grupo dedicado à criação do freio regenerativo. Esse freio capta parte da energia produzida pelo movimento e um gerador elétrico no freio recarrega as baterias do automóvel quando se diminui a velocidade. A rotina de trabalho não exigia dos especialistas em baterias que tivessem contato com os especialistas em freios e não havia comunicação entre eles. Para incentivar a colaboração entre as partes, a BMW criou um grupo dedicado exclusivamente ao desenvolvimento do freio regenerativo. Em troca, outras tarefas relacionadas ao lançamento do automóvel híbrido, como design, engenharia, vendas, marketing e distribuição, foram delegadas ao motor de desempenho.

Equipes sob medida

Para selecionar os membros que vão integrar uma equipe de inovação, é preciso ter em mente que qualidades como criatividade, capacidade de perceber soluções incomuns e o fato de se sentirem confortáveis diante da ambiguidade e da mudança são mais indicadas. Porém, muitas vezes, explica Trimble, são exigidas capacidades que não estão disponíveis internamente. "Por exemplo, quando fabricantes de automóveis tentaram implementar sistemas de entretenimento, telecomunicações e emergência nos veículos, necessitaram de conhecimentos alheios à indústria automobilística e tiveram de buscá-los em outros setores para conseguir o que desejavam. As empresas tendem a buscar dentro de seus quadros os integrantes das equipes de inovação. No entanto, as que agem como se estivessem criando uma empresa e decidem procurar fora os especialistas indicados obtêm resultados melhores."

Uma boa equipe de inovação, portanto, precisa incorporar gente de fora – que traga conhecimentos, percepções e hipóteses novos – e gente de dentro – que conheça a organização, seus ativos e capacidades. Mas se a equipe de inovadores for composta somente por pessoas externas, ficará isolada e perdida, não saberá como se movimentar.

A chave para a criação de uma equipe inovadora e eficaz, portanto, é romper as relações de trabalho existentes e estabelecer novas. "A inclusão de pessoas de fora, ainda que se trate de apenas uma em três, ajuda. Como as recém-chegadas não têm relação com os funcionários antigos, novos vínculos se estabelecem necessariamente. Além disso, elas questionam as hipóteses implícitas com base em sua experiência em outras empresas", explica.

Uma mudança de mentalidade é fundamental para que as vertentes de desempenho e de inovação possam se desenvolver e trabalhar em prol do mesmo objetivo: os funcionários de todos os níveis devem entender e aceitar que uma equipe dedicada plenamente à inovação tem outro estilo de trabalho. Além disso, afirma Trimble, ainda que lhes pareça estranho, terão de encontrar uma maneira de se associar. "Também é fundamental que os altos executivos tenham em mente que o motor de desempenho estará sobrecarregado, pois, além de realizar suas operações rotineiras, terá de apoiar a iniciativa de inovação."

Mas é difícil incrementar o trabalho mantendo a mesma quantidade de recursos, afirma o pesquisador. "Às vezes, basta dar incentivos adicionais ao pessoal; outras, é necessário contratar mais funcionários. Com frequência, os executivos não percebem tal necessidade e pensam que as pessoas colaborarão em seu tempo livre. Muitas vezes, constato que as empresas querem inovar com pouco dinheiro, mas, se realmente querem dar à iniciativa uma oportunidade de sucesso real, devem investir recursos."

As duas equipes podem começar trabalhando separadas, mas logo precisam começar a interagir. Segundo Trimble, quando as ideias ainda estão no papel, às vezes faz sentido que as pessoas da equipe de inovação trabalhem isoladas, mas, em algum momento, devem começar a interagir com as demais, por exemplo, antes de lançar o novo produto. "Toda inovação deve se calcar no que a empresa tem, desde os vendedores até a marca ou o conhecimento. Não fosse assim, seria preciso perguntar para que se investe nessa inovação."

Ele exemplifica com empresas do setor editorial, sobretudo o *The New York Times* e o *The Wall Street Journal*, estudadas por ele e sua equipe. "Imagine que um deles decida começar um negócio on-line, sem se valer de suas marcas e de seus jornalistas. Não teria sentido ignorar marcas tão reconhecidas e uma equipe de jornalistas talentosos, teria? É raro investir em uma inovação que não esteja relacionada a algo que a empresa já faça", afirma.

Lidando com os conflitos

Para superar os conflitos entre as pessoas e as equipes, além dos incentivos adicionais, há algumas questões práticas, afirma o especialista. Segundo ele, é preciso ser cuidadoso ao medir o desempenho da operação diária e a maneira como uma iniciativa de inovação impacta essa mesma operação. "Por exemplo, quando se lança um novo produto que tem grande potencial de vendas, seria bom cobrir antecipadamente certo número de postos de trabalho no atendimento ao cliente, de modo a se adiantar à demanda de serviço que será gerada com o lançamento."

Mas o que acontece se superestimarmos essa demanda? "Isso pode levar à queda do desempenho percebido do atendimento ao cliente, medido por indicadores tradicionais ('clientes atendidos por funcionário'), porém não como um sinal de fraqueza própria, e sim por influência da iniciativa de inovação", afirma.

Outra questão está relacionada aos recursos. Se será pedido ao motor de desempenho que faça duas coisas de uma só vez, devem ser proporcionados os recursos. Às vezes, a sobrecarga do motor de desempenho, a exigência de cumprir muitas atividades com recursos limitados, é a causa primária do conflito.

❝ A figura mais adequada para mediar conflitos entre o líder da inovação e o motor de desempenho costuma ser o CEO ❞

A avaliação da equipe de inovação é outra questão que precisa ser abordada com cuidado. Trimble explica que, como as iniciativas de inovação são incertas, não se pode avaliar o líder de inovação estritamente com base em resultados. "É importante que o líder saiba que o que será avaliado é a execução de uma experimentação disciplinada. Se for bem executada, aprende-se mais rapidamente, fazem-se melhores previsões, tomam-se melhores decisões e conseguem-se resultados em menos tempo. A boa experimentação conduz à aprendizagem e a aprendizagem, a resultados", explica.

Para que seja feita uma experimentação disciplinada, segundo Trimble, o ideal é realizar experiências que não sejam muito onerosas e que eliminem a incerteza mais crítica. Faz alguns anos, a IBM se propôs criar o computador mais rápido do mundo e, para isso, seguiu um caminho diferente do habitual nesse momento. Em vez de produzir uma máquina com um chip ultrarrápido, decidiu desenvolvê-la com milhares de chips que funcionavam em rede.

Uma maneira de evoluir teria sido criar uma máquina e testá-la, mas a IBM optou por um modo mais lógico e gradual de testar sua ideia, sem gastar muito dinheiro. Primeiro, desenvolveu uma máquina com dois chips, depois com oito, 16, e assim sucessivamente. Cada vez aprendia mais sobre as limitações desse enfoque, sem gastar uma enormidade de dinheiro. As hipóteses sobre o mercado podem ser comprovadas da mesma maneira.

Lidar com os fracassos, por sua vez, é o outro lado da moeda. Trimble acredita que sejam uma parte desafortunada do processo de inovação, mas inevitável. Por isso, é melhor que venham logo, antes que se tenha gastado dinheiro demais. "A experimentação disciplinada facilita as coisas: se há um fracasso, será rápido e não muito oneroso", afirma.

Avaliação objetiva – ou quase

Para que se faça uma avaliação objetiva da estratégia de inovação, Trimble acredita na necessidade de haver um líder com dedicação completa à inovação e com a responsabilidade de julgar se a iniciativa percorre o caminho correto ou se deve mudar de rumo. Ele alerta, porém, que o líder costuma estar muito envolvido emocionalmente no projeto. Por isso, às vezes, precisa de alguém que o ajude a emitir julgamento objetivo. "Convém que o líder em questão trabalhe em conjunto com alguém que possua experiência prévia em inovação, tenha sólidos antecedentes em relatórios financeiros, conheça a dificuldade de conduzir experiências novas e assegure, como sócio do líder que é, que a interpretação do líder seja correta", explica.

A figura mais adequada para mediar os conflitos entre o líder da inovação e o motor de desempenho, porém, costuma ser o CEO, ainda que isso dependa do tamanho da empresa. "Em uma organização de US$ 3 bilhões, o CEO não se envolve em todas as iniciativas de inovação, mas algum executivo sênior deve ser o responsável por mediar esses conflitos, preferencialmente o mesmo que avalia os líderes da inovação e do desempenho e decide se o trabalho realizado foi bom ou ruim", conclui.

IBM, a nº 1 em patentes

por **Guillermo Martínez,** colaborador de HSM Management

Há dezenove anos, a IBM é a empresa que mais gera patentes no mundo. Em 2014, seu exército de cientistas e pesquisadores bateu todos os recordes e registrou nada menos que 7.534 inovações.

Se houvesse uma olimpíada de inovação, a IBM seria a campeã mundial recorrente. Assim como os países colecionadores do maior número de medalhas olímpicas fazem com seus atletas, essa empresa, com sede em Nova York, investe muito em seus pesquisadores. O resultado fica evidente ano após ano: ela superou a notável marca de 7,5 mil patentes registradas em um ano em 2014, mantendo-se na liderança dos registros nos Estados Unidos há 22 anos. O segundo lugar ficou com a Samsung, com 4.952 patentes – empresa que vem crescendo ano a ano, mas que ainda mantém uma diferença significativa da líder.

A área de pesquisa e desenvolvimento (P&D) foi priorizada há duas décadas e hoje conta com mais de 8,5 mil pesquisadores, entre cientistas e técnicos, em vários países, e um orçamento que ultrapassa os US$ 6 bilhões por ano, nos últimos cinco anos.

Há oito anos a International Business Machines não faz computadores pessoais, nem está entre seus objetivos criar o substituto para o iPhone ou para o iPad. A visão da companhia tem a ver com o que a maioria chama de "inteligência artificial", mas que o pessoal ali prefere denominar "cognição automática". Trata-se de automatizar o processo de adquirir ou gerar conhecimento.

Perfil do líder

Um dos principais responsáveis pelo sucesso da divisão de P&D da empresa é Bernard Meyerson, vice-presidente de inovação, chefe do departamento de relacionamento com universidades internacionais e líder da IBM Academy of Technology (organização autogerida composta por executivos e técnicos seniores da empresa), além de membro da equipe de integração e valores com outros altos executivos de diferentes departamentos.

No laboratório de pesquisas da IBM desde 1980, Meyerson assina a criação de mais de 40 patentes. Graduado e doutorado em física pela New York University, dos Estados Unidos, entrou na IBM Research para cuidar do desenvolvimento de uma tecnologia de semicondutores que usavam uma mistura inovadora de silício e germânio e outras tecnologias de alto desempenho. Em 1992, foi designado "fellow" da IBM, a mais alta honra técnica da companhia, e, nove anos mais tarde, nomeado chefe do grupo de tecnologia.

No final da década de 1990, foi reconhecido como "inventor eminente" pela American Intellectual Property Law Association (Aipla). Em 2003, assumiu a responsabilidade operacional pelos esforços globais de pesquisa e desenvolvimento de semicondutores. Nessa posição, liderou o maior consórcio do mundo em desenvolvimento de semicondutores, integrado por IBM, Sony, Toshiba, AMD, Samsung, Chartered Semiconductor Manufacturing e Infineon.

O que é ser inovador

Meyerson sorri quando alguém lhe pede que defina inovação. Apaixonado pelo tema, a simplicidade de sua resposta comprova o domínio que tem sobre o assunto: "Penso que inovação é a oportunidade que temos para criar um mundo melhor ao tornar tangíveis as ideias que passam por nossa mente".

Líder de projetos destinados a empresas, cidades e universidades, também é responsável pelo Watson, o supercomputador que é a joia tecnológica da IBM, cotado para se tornar o propulsor da nova era da inteligência artificial, ou da cognição automática.

O lema da divisão de P&D é: "Além de inventar, inovamos". Meyerson entende que a inovação é essencial e cita um provérbio árabe: "Há quatro coisas irrecuperáveis: o disparo efetuado, a palavra pronunciada, o tempo passado e a oportunidade desperdiçada".

A IBM se caracteriza por não desperdiçar oportunidades de tomar decisões. Em 2004, quando o mercado de microcomputadores estava mais aquecido, ela vendeu sua divisão de computadores pessoais para a chinesa Lenovo, que lhe pagou cerca de US$ 650 milhões em dinheiro e US$ 600 milhões em ações (a IBM ficou com aproximadamente 20% da Lenovo).

> **" Penso que inovação é a oportunidade que temos para criar um mundo melhor ao tornar tangíveis as ideias que passam por nossa mente"**
>
> BERNARD MEYERSON, VP DE INOVAÇÃO DA IBM

Hoje, com o auge dos smartphones – no final de 2010 pela primeira vez foram vendidos mais smartphones que computadores –, fica evidente que a organização conhecida como "Big Blue" (por causa do uniforme de seus funcionários) vendeu grande parte de seu negócio no melhor momento.

A IBM, então, se transformou e optou por não ficar limitada à produção de hardware ou de software, passando a trabalhar na busca de soluções tecnológicas. Meyerson, melhor testemunha desse processo, garante que a filosofia da companhia motiva a inovação o tempo todo. "Para ter sucesso nos negócios, é necessário olhar adiante dos concorrentes, atuar com mais ousadia, e não apenas se aproximar ou se adequar às tendências do mercado, e criar novas tendências, o que certamente demora mais, porém, em longo prazo, traz benefícios maiores."

Variedade

A atividade de seus centros de pesquisa, localizados nos cinco continentes, pode ser compreendida por meio de alguns de seus projetos:

• Nos EUA, estão desenvolvendo um sistema de apoio para a tomada de decisões em cardiologia (Vale do Silício, Califórnia); microprocessadores de alta velocidade (Austin, Texas); dispositivos ultrarrápidos e interativos (Nova York e Massachusetts). Além disso, com a National Geographic Society, atuam no Projeto Genográfico, que tem como finalidade registrar novos dados sobre a história migratória da raça humana.

• Na Austrália, em Melbourne, há projetos vinculados às ciências da vida e ao planeta inteligente.

• No Brasil, o foco é sustentabilidade.

• Na China, priorizam a computação em nuvem.

• Em Israel, criam ferramentas analíticas e de verificação.

• Na Irlanda, têm um centro de tecnologia para cidades inteligentes.

• Na Índia, desenvolvem aplicativos de comunicação móvel e tecnologias de linguagem humana.

• No Japão, concentram-se nos campos dos microdispositivos e da interação homem-máquina.

• Na Suíça, pesquisam nanotecnologia.

"Podemos inovar de muitas formas", diz Meyerson, "e com muitos parceiros." Ele cita uma pesquisa que combina a capacidade de processamento de dados do Watson, o supercomputador da IBM, com o vasto arquivo de conhecimentos e históricos médicos do Memorial Sloan-Kettering

Cancer Center, para criar um sistema de tomada de decisões diagnósticas e indicação de tratamentos.

As invenções da IBM também foram úteis para o Facebook, que adquiriu mais de 750 patentes da empresa nova-iorquina. Poucos sabem que os códigos de barras saíram de seus centros de pesquisa ou que a cirurgia a laser para a correção de miopia nasceu lá.

"Deve-se conseguir que os consumidores não comprem apenas produtos, mas também conceitos úteis e insubstituíveis", define Meyerson.

Pesquisadores e gestores

O VP da IBM tem uma forma peculiar de se referir aos cientistas responsáveis pela criação de um número tão elevado de patentes. Diz que se tratam de "especialistas inovadores com o gene da invenção hiperdesenvolvido". São profissionais assim que procura atrair. Muitos deles são pesquisadores independentes que atuam em outras instituições e, ao serem incorporados à IBM, recebem apoio para potencializar ao máximo seus conhecimentos. No entanto, a empresa também forma seus futuros inovadores. "Já testemunhei casos de jovens recém-formados que ao cabo de seis anos se tornaram inovadores 'hardcore', pessoas que geram grande valor para a organização."

Em 2011, a Fortune elegeu a IBM a melhor companhia do mundo em desenvolvimento de líderes, pelo segundo ano consecutivo. Um de seus polos de talentos é a Academy of Technology, formada por mil cientistas de primeiro nível e mais de sete mil técnicos e pesquisadores promissores, de várias áreas da companhia. Ao todo, são 44 grupos técnicos ou regionais. Segundo Meyerson, desenvolver talentos em equipes de pesquisa requer compreender a complexa

❝ Para inovar, não são necessários grandes orçamentos, e sim grandes ideias ❞

personalidade de seus membros, e o melhor gestor para isso "não diz como fazer o projeto, mas desafia sua equipe, pondo-a à prova e confiando nela".

A nova geração de cientistas não se limita às tarefas tradicionais. Também elabora planos de negócios, participa de reuniões executivas e realiza apresentações para diretores e clientes. "Os novos cientistas aprenderam a colaborar. Hoje temos uma espécie de rede social com a participação de especialistas da IBM e de fora. Todos contribuem com o maior conhecimento possível em seus campos", explica Meyerson.

Apesar dos esforços e do sucesso dessa gigante, Meyerson acredita que, cada vez mais, os pequenos empreendimentos determinarão o rumo da sociedade, provando que, para inovar, não são necessários grandes orçamentos, e sim grandes ideias.

Olha só quem está falando

por **Renata de Carvalho Batista,** do Rio de Janeiro, e **Pablo Wahnon,** de Boston, Estados Unidos, ambos colaboradores de HSM Management

Você já ouviu falar em internet das coisas (IoT, na sigla em inglês)? Há cerca de um ano essa tecnologia vem evoluindo para internet de todas as coisas (IoE), mercado que pode movimentar US$ 14,4 trilhões nos próximos dez anos e cuja construção vem sendo liderada pela Cisco Systems. E o Brasil pode ser peça fundamental nesse novo cenário.

Uma espiga de milho diz para outra: "Vá mais para lá, você está me fazendo sombra". Um pé de soja envia um SMS para o sistema de água avisando que está com sede – não chove há duas semanas. Uma vaca informa ao dono que não está se alimentando bem. Um carro conversa com outros à frente para saber quando estão freando.

Nada disso é piada ou delírio futurista. O tipo de tecnologia que abre as portas para essa conexão entre pessoas e coisas já existe, apoia-se na web 3.0 e tem nome e sobrenome: Internet of everything (IoE), em inglês, ou internet de todas as coisas. Com ela, qualquer elemento, com ou sem vida, com ou sem inteligência, pode se conectar à rede para trocar dados, processá-los e tomar decisões. Trata-se de uma inovação de ruptura no que tange à eficácia.

Se a internet das coisas (IoT, na sigla em inglês) já parecia revolucionária – com ela, um sensor em uma vaca específica conseguia informar o produtor rural sobre a insuficiência nutricional do animal, o que era um avanço e tanto –, na internet de todas as coisas esse dado é processado e uma pessoa pode decidir modificar a alimentação da vaca imediatamente. Na verdade, a IoE combina a IoT com computação em nuvem, big data e mobilidade.

Um novo tripé de comunicação sustenta a IoE, integrado pelas tecnologias P2P (pessoa a pessoa), P2M (pessoa a máquina) e M2M (máquina a máquina) – os dois últimos pilares são recentes e foram viabilizados pelos avanços da inteligência artificial, capaz de aprender ao longo das interações, e pela computação em nuvem, facilitadora de tecnologias avançadas ao levá-las a qualquer lugar do mundo sem que as pessoas sequer se deem conta disso.

Está se formando um ecossistema de IoE, e quem vem assumindo sua liderança é a multinacional de origem norte-americana Cisco, embora dele participem várias empresas de grande porte, como IBM, Oracle, Microsoft e HP, e outras tantas de médio e pequeno portes. Como afirma seu CEO, John Chambers, a Cisco será "a empresa número um desse mercado" – e ele tem o retrospecto de um especialista em liderar transições mercadológicas de modo a manter a empresa sempre um passo à frente nas sucessivas ondas de tecnologia.

A Cisco identificou 21 soluções comercializadas atualmente que já se apoiam no paradigma IoE, em um mercado que movimentou cerca de US$ 600 bilhões até o final de 2013. O levantamento "Índice de Valor na IoE", que a empresa fez com 7,5 mil líderes empresariais de 12 países, mostra que Estados Unidos, China e Alemanha foram até agora os maiores beneficiários dessas inovações. Para os próximos dez anos, o mercado potencial é estimado em US$ 14,4 trilhões.

"Essa nova internet tem a capacidade de revolucionar a economia global e transformar de forma significativa setores-chave", diz Ricardo Moreno, vice-presidente de parcerias da Cisco nos Estados Unidos e América. As oportunidades para as empresas são imensas. "Nosso levantamento indica que o êxito não terá relação com a localização geográfica nem com o tamanho da empresa, e sim com a maior rapidez para se adaptar ao modelo."

Isso aconteceu de uma hora para outra? Mais ou menos. Para que qualquer coisa pudesse se conectar à internet, faltavam sensores e processadores produzidos a custo mínimo, e isso a Texas Instruments conseguiu, vendendo chips a US$ 0,99. Nos últimos anos, a infraestrutura de redes também vem crescendo e se desenvolvendo por múltiplos canais, o que ajuda bastante. Resultado? Estamos diante de uma nova geração de chips programáveis, que estarão no núcleo dos switchs, os tradicionais roteadores do tráfego na internet. A infraestrutura de internet terá, em cada switch, APIs [sigla em inglês de interfaces de programação de aplicativos] que permitirão a outras empresas programar em cima deles. É a ideia da rede como plataforma, sem servidores, mas com inteligência distribuída.

Protagonismo do Brasil

Ainda não se tem plena compreensão das consequências dessa revolução potencial, mas o Brasil tende a ter papel de destaque no que acontecer nesse front daqui por diante. Em agosto de 2014, a Cisco Systems inaugurou, no Rio de Janeiro, seu primeiro centro de inovação no mundo organizado segundo soluções verticais, ou seja, que focalizará os problemas de setores inteiros, como educação, saúde, energia, esportes etc. Tratará, entre outras tecnologias, da comunicação entre máquinas, M2M, peça-chave da Internet de todas as coisas. Estimulando parcerias para isso e destinando investimentos gerais de R$ 1 bilhão em quatro anos, o presidente mundial de desenvolvimento e vendas da empresa, Rob Lloyd, confirma o objetivo: "Vamos contribuir para tornar o mundo todo conectado, não só PCs, celulares e TVs (e as pessoas)".

O novo centro de inovação da Cisco deve desenvolver desde redes elétricas inteligentes, em que produtores e consumidores interajam, até sistemas que integrem escolas e segurança pública, passando por médicos que atendam pacientes à distância, plataformas de petróleo que conversem com navios transportadores, sensores de umidade do solo para a agricultura e sensores de tráfego capazes de manter constante o fluxo de veículos nas grandes cidades.

"Quando conectamos sistemas variados, temos chance de efetivamente transformar o Brasil, nossa educação, nossa saúde, nossa economia. É uma imensa oportunidade para o País e também para o mundo", explica o presidente da Cisco brasileira, Rodrigo Dienstmann. Segundo ele, o timing é particularmente propício para uma mudança dessa magnitude no Brasil, por vivermos um momento de transição típico. "Não é que os megaeventos esportivos, como a Copa do Mundo e os Jogos Olímpicos, façam diferença em si, mas historicamente eles tendem a acelerar o desenvolvimento de soluções que aumentem a eficiência geral com tecnologia aplicada – ajudar a rentabilizar estádios e ginásios é só o começo", afirma. (A Cisco participou de 90% dos consórcios responsáveis pela implementação de soluções de tecnologia de informação e comunicação nos estádios da Copa de 2014, com diferentes parceiros.)

> **❝Vamos contribuir para tornar o mundo todo conectado, não só PCs, celulares e TVs (e as pessoas)❞**
> ROB LLOYD, DA CISCO SYSTEMS

O executivo brasileiro menciona como evidência do bom timing a movimentação observada no setor de telecomunicações, cujas empresas vêm procurando a Cisco para atuar no modelo de parceria e inovar com o objetivo de aumentar sua produtividade. "Temos um terreno fértil para explorar também porque o percentual de investimento no Brasil sempre foi muito baixo em relação ao PIB [Produto Interno Bruto] e à produtividade, consequentemente. É consenso que chegou a hora de aumentar a produtividade, pois a força de trabalho está quase em seu limite de aproveitamento, e o investimento vem crescendo de fato", analisa.

Além disso, já há organizações brasileiras dedicando-se à Internet das coisas, como o Instituto Militar de Engenharia (IME) – que tem trabalhado na casa inteligente, fazendo sistemas como o de segurança pela identificação do morador pelos passos –, e o interesse por evoluir para a IoE é a próxima etapa natural.

Começou com as cidades inteligentes (ou antes)

Na década passada, cidades imensas, com capacidade para dez milhões de moradores, foram planejadas para ser construídas na Ásia em poucos anos com uma proposta totalmente verde, ou seja, de não sobrecarregarem o meio ambiente com emissões de gases de efeito estufa e resíduos diversos. A Cisco viu o movimento como uma oportunidade de mostrar a potencial contribuição das tecnologias de rede para um padrão de vida melhor e se envolveu: cerca de cinco anos atrás, lançou o projeto Smart+Connected Community, ao qual as pessoas se referem como "cidades inteligentes". O plano era entregar, com maior eficiência e simplicidade, serviços como saúde, educação, transportes, serviços burocráticos em geral. Isso seria possível com o uso de tecnologias de informação e comunicação. "Foi quando descobrimos que as cidades são consumidoras de tecnologia com potencial incrível, embora, tradicionalmente, não tenham sido capazes de extrair vantagem da tecnologia, talvez por conta de seus complexos processos de compra e de uma gestão fragmentada", observa Rob Lloyd.

Começaram a ser concebidas ofertas de estacionamento inteligentes, distribuição e medição de água inteligentes, capacidades de socorro remoto ou presencial de saúde inteligentes, com os médicos conversando com os pacientes em casa, em vez de no hospital ou na clínica etc. "O parisiense médio parece gastar um terço de seu tempo de trabalho procurando um lugar para estacionar, e a ideia é que possamos mostrar no celular dele onde estão as vagas disponíveis e até possibilitar-lhe reservar um lugar no estacionamento de um shopping center, por exemplo", conta Lloyd. Ele destaca que as cidades inteligentes já se tornaram um tópico de discussão e testes em boa parte do mundo, o Brasil incluído – a Cisco está fechando uma parceria no Rio de Janeiro para desenvolver um projeto segundo a filosofia Smart+Connected Community na área de segurança, que deve ser entregue para os megaeventos.

Esse tipo de tecnologia foi precursora da Internet de todas as coisas; a visão se ampliou para conectar tudo ao protocolo de internet (IP, na sigla em inglês) e hoje as cidades inteligentes se tornaram uma subcategoria desse portfólio maior de tecnologias.

Na verdade, a trajetória de cerca de trinta anos da Cisco tem sido feita de conectar protocolos privados ao protocolo de internet. "As primeiras invenções de nossos fundadores, da StanforStanfordsity, foram destinadas a conectar os diversos protocolos da DECnet, Apple Toc, Novell, Vines e IBM ao IP, inventado pelo Exército dos Estados Unidos. E desde então é isso que fazemos: conectamos à internet protocolos proprietários, de empresas, ou de vídeos. É o que lhe permite, por exemplo, assistir à TV em casa sob demanda, em vez de precisar ver o que todo mundo vê", ilustra Lloyd.

Oportunidade de 99%

Hoje existem 9,5 bilhões de aparelhos conectados à internet, somando televisores, computadores e telefones celulares. O número é alto, mas representa, no máximo, 1% dos equipamentos que existem, conforme estimativa da Cisco. Há pelo menos 99% de coisas a nossa volta que podem ser conectadas e participar da IoE. "Só de olhar para esta sala agora já vejo seis oportunidades: o sistema de sprinklers, o de refrigeração, o de iluminação, o de alarme, o de telefonia fixa e o de vídeo. Esses sistemas são proprietários, separados e desconectados uns dos outros. Quando os convertemos ao IP, fica mais fácil conectá-los a outras fontes de informação e eles podem funcionar em conjunto de modo inteligente", comenta Lloyd na entrevista a HSM Management, explicando que é disso que surge a estimativa de um mercado de US$ 14,4 trilhões já na próxima década.

❝ Para se beneficiar da Internet de todas as coisas, as empresas precisam imaginar quais avanços disruptivos aceitariam fazer se os objetos, plantas, animais ou minerais que integram seu negócio passassem a usar internet M2M ou P2M ❞

Para as empresas, governos e pessoas, esse número traduz um potencial brutal de aumento de eficiência. Representa desde a promessa de menos alimentos frescos estragando antes de chegarem à mesa do consumidor até um cross-selling mais lucrativo para as empresas de serviços financeiros ou do varejo, on-line ou físico. "Você sabia que apenas 40% do potencial de cross-selling é aproveitado hoje no Brasil? É triste, mas significa a oportunidade de 60% para ser monetizado", diz Lloyd.

Tudo será rápido

Vai demorar para um cavalo avisar se está com cólica e precisa de medicamento? Possivelmente não. Prevê-se que a maior parte das soluções de IoE seja entregue pela nuvem ou por meio dos chamados managed services, em vez de levar o tempo que levam os processos industriais para mudar. Deve haver um centro de dados na nuvem e isso pode acelerar não somente o tempo do desenvolvimento das soluções, mas também o da adoção por consumidores empresariais e individuais. "Muitos CEOs, brasileiros e mundiais, já estão atentos à Internet de todas as coisas, pelo que sabemos", afirma o presidente mundial de desenvolvimento e vendas. "Essa sinalização dos CEOs é levada a sério por nós, que somos direcionados pelos clientes. Sei que não adianta nada eu ficar animado com a IoE e conectar tudo se cinquenta CEOs disserem que não ligam para a novidade."

Como aproveitar a onda

Para se beneficiar da Internet de todas as coisas, as empresas precisam imaginar quais avanços disruptivos aceitariam fazer se os objetos, plantas, animais ou minerais que integram seu negócio passassem a usar internet M2M ou P2M.

Juan Pablo Estévez, diretor-geral da Cisco para a região denominada MCO (que inclui Argentina, Chile e Colômbia), compartilha um exemplo em estudo: "Uma empresa mineradora identificou na IoE a possibilidade de assegurar qualidade extrema em um minério que vende, aumentando seu grau de pureza conforme recebe informações em tempo real sobre seu estado. Isso não apenas permitiria aumentar seu valor, como conquistar novos mercados. A mineradora viraria parte de uma elite mundial de fornecedores capazes de produzir isso com essa qualidade".

O leitor pode agora mesmo viver a experiência da internet de todas as coisas. Na Bélgica existe uma árvore digna do mestre do surrealismo, o pintor René Magritte. É a @eostalkingtree, primeira árvore capaz de enviar mensagens pelo Twitter. A Ericsson repetiu a iniciativa em outros países – pode ser seguida em #ectree. A árvore comunica suas condições, as mudanças no tempo, tira fotos do entorno e sabe se alguém a toca. Essa já é a tecnologia atual, não a do futuro.

O que acontecerá é difícil antecipar. Nem falamos, por exemplo, de "capacidade de fuga". A empresa de computação em rede VMware permite virtualizar computadores, de modo que cada servidor físico contenha vários servidores virtuais. Com sua solução Vmotion, esses servidores virtuais poderiam se mover pelo ciberespaço. As máquinas já não estão em um lugar físico ou em um centro de processamento de dados; elas voam pela rede.

Trata-se de uma "vida 3.0", na qual o poder pertencerá a quem souber dialogar nesses novos termos, sendo capaz de criar ecossistemas e se adaptar às tecnologias emergentes. Alguns participantes serão empresas pequenas; outros, grandes corporações; talvez uma ou outra pessoa chegue lá também. Assim como Copérnico nos tirou do centro do Universo e Freud, do centro do "eu", a IoE nos expulsa do centro da comunicação.

No âmbito econômico, a ideia da IoE, como lembra Dienstmann, presidente da subsidiária brasileira, estende-se a conectar elos da cadeia de valor – da academia às empresas, passando pelos usuários. O diretor de marketing da Cisco, Marco Barcellos, mostra o horizonte de possibilidades que se abrem: "O desafio será imaginar todos os dias como um objeto poderá ser conectado à internet e nos fornecer informações para melhorar o mundo em que vivemos".

Quadro 1

Rob Lloyd: Mais do que os BRICs, o Brasil

O Brasil figura entre os cinco mercados mundiais prioritários para a Cisco Systems, diz Rob Lloyd, presidente mundial de desenvolvimento e vendas da gigante de tecnologia. Em entrevista exclusiva a José Salibi Neto, CKO da HSM do Brasil, Lloyd explica a priorização do Brasil em detrimento de outros emergentes.

Um centro de inovação organizado por soluções verticais é muito interessante. Trata-se de resolver todo tipo de problema de uma indústria como a da educação. Ou a da energia. Ou a da saúde. Não é essa a visão? Pergunto: por que estrear esse modelo no Brasil?
Queremos ser um grande parceiro do Brasil. Parcerias, seja com empresas ou países, são parte crucial de nosso modelo de negócio, do modo como criamos valor para nossos clientes. O conceito de parceiro evoluiu: se você olhar para trás, verá que parceiro era aquele que vendia nossos produtos, ajudava a instalá-los e a realizar a manutenção. Mais recentemente, parceiros estão passando a incluir integradores de sistemas, serviços baseados na nuvem, empresas de software e, claro, os diversos clientes, com sua demanda cada vez mais específica de soluções. Nós ouvimos os parceiros e criamos valor com base nisso. Países fazem parte da lista.

Um país ser parceiro da Cisco é muito mais do que a Cisco fazer vendas para o governo, certo?
Sim, porque uma parceria implica um compromisso de prazo muito longo, que vigorará por muitos anos, e porque abrange não apenas o governo, mas também as empresas do país. Tanto que passamos os últimos cinco anos pensando em como poderíamos, como empresa, ser um grande parceiro para o Brasil, atendendo realmente a suas prioridades. Não se trata apenas de pensar: "Já que estamos crescendo bem no Brasil, vamos crescer mais ainda". Quando todos falavam dos BRICS [as economias emergentes de Brasil, Rússia, Índia, China e, recentemente, África do Sul], nós pensamos: "É bom falar dos BRICS, mas não conseguimos pensar em cinco grandes economias como uma unidade. Temos de pensar em uma e esta será o Brasil. Vamos entender aquilo de que o País

realmente precisa. Vamos ver se podemos mesmo lhe fornecer isso, imaginando como entregar isso de modo sensato ao longo do tempo". Acho que até demoramos um pouco para dar esse passo, mas o importante é que o demos: três anos atrás, tomamos a decisão de construir o centro de inovação.

Mas, de novo, por que vocês escolheram investir no Brasil e não, por exemplo, na África do Sul?
Quando se vive onde eu vivo, a cinco quilômetros do Facebook, da Apple e do Google, no Vale do Silício, fica-se acostumado a criar inovação no dia a dia, a gerar capital de risco [venture capital], a ser fonte de lucro para startups. Mas nos demos conta de que faltava um venture capital realmente ativo em um mercado ocidental como o Brasil, de tanto potencial. Somos uma empresa bem-sucedida em investimentos – temos um portfólio de investimentos de US$ 2 bilhões em startups; algumas vezes compramos as empresas, outras vezes gostamos apenas de acompanhar, com elas, como certas tecnologias evoluem. Então, por que não lançar um fundo de venture capital aqui? Fizemos isso em 2012 e hoje temos US$ 20 milhões em fundos de startups brasileiras [Redpoint e.ventures e Monashees].

Na decisão sobre o centro de inovação, os fabricantes locais pesaram favoravelmente. Sempre ouvimos que eles seriam parte importante do sistema de parcerias no Brasil e vejo que isso se confirma. São nítidos os benefícios de termos algumas das principais linhas de produtos, como os roteadores, feitas no País. Tanto que estamos começando a produzir um portfólio amplo de data switches aqui e mudando nosso modelo de manufatura, ao trazer um fornecedor-chave na capacidade de fabricação de redes.

Outro fator é o de que a internet de todas as coisas tem probabilidade enorme de explodir no Brasil, realmente, porque a economia de vocês tem todos os elementos em que a IoE gera evidentes ganhos de eficiência, seja no agronegócio, na mineração, na indústria, nos transportes e logística, na complexidade urbana ou em educação e saúde. Por exemplo, as fazendas de vocês poderão contar com sensores de US$0,90 embutidos no solo, com um pequeno rádio que os fará se conectar à rede de celulares de alguma operadora, e enviar dados ao gestor. O solo poderá dizer "não preciso de fertilizante" ou "desligue a água". É algo incrível.

Fizemos, por fim, uma avaliação sobre qual seria um grande lugar para desenvolver alta tecnologia e concluímos que, no Brasil, algumas coisas aconteceriam mais rapidamente do que em qualquer outra parte, mesmo no Vale do Silício ou em Israel, dois locais tradicionalmente inovadores. Se vocês desenvolveram uma classe média tão rapidamente, podem ter a mesma rapidez para produzir e consumir a internet de todas as coisas, entre outras tecnologias.

Nossa mão de obra é qualificada para inovar?

Não. Mas não importa se estamos no Brasil, no Canadá, na Austrália, no Leste Europeu ou na Rússia, há uma grande lacuna nas capacidades requeridas para satisfazer a demanda por tecnologia da informação. Nos Estados Unidos, inclusive, há uma lacuna horrível, decorrente da falta de talento em engenharia e em capacidades matemáticas, científicas e tecnológicas, o que está prejudicando o país e seu potencial para alavancar tecnologia e conduzir a inovação.

Então, no Brasil, aceleramos os esforços em educação logo no início desse processo decisório de cinco anos. Somos parceiros de escolas para levar treinamento em redes ao sistema educacional a fim de desenvolver talentos em capacidades de rede e preencher essa lacuna, e as pessoas treinadas estão sendo contratadas por bancos, empresas de telecomunicações e negócios que oferecem serviços afins ao mercado. Isso se mostra um grande sucesso para nós.

O pensamento do design no Brasil

por **Reinhold Steinbeck,** sócio da firma de consultoria IntoActions e atua como embaixador do programa global de inovação pelo design de Stanford e **Edgard Charles Stuber**, sócio da IntoActions e pesquisador de inovação

A metodologia do design thinking é uma forma de desafiar a natureza humana: somos todos feitos de hábitos e padrões, mas para inovar é fundamental contrariá-los. Os especialistas Reinhold Steinbeck e Edgard Charles Stuber explicam por quê e como o Brasil está trabalhando nesse sentido.

xperimente formular uma pergunta que desafie o status quo e procure potencializar a incerteza e a ambiguidade. Embora contrariar hábitos e padrões seja essencial à inovação, você perceberá que o exercício é difícil; vai contra a natureza humana.

Entende-se, assim, por que o design thinking vem se tornando uma contribuição tão valiosa para as empresas. A metodologia, relativamente recente, facilita a geração de insights e estimula a criatividade mais naturalmente, com protótipos de baixa resolução e tudo feito de forma colaborativa e com boa comunicação no trabalho em grupos.

O que o design thinking faz é viabilizar o que mais de 1,7 mil CEOs de diferentes países estão esperando neste exato momento de suas equipes, segundo estudos recentes: criatividade, colaboração e comunicação.

Apesar de o design thinking gerar excelentes resultados justamente no que as organizações mais querem, ainda é pouco adotado no Brasil, onde o método gerencial mais aplicado para todas as circunstâncias continua a ser o de reduzir desperdícios e aumentar a eficiência operacional, tentando manter a qualidade de produtos e serviços.

O que nos afasta da metodologia do design thinking?

Problemas-chave

Trabalhando com equipes de diversas companhias de diferentes setores da economia, percebemos alguns obstáculos à introdução do design thinking nas empresas brasileiras.

Um primeiro problema recorrente diz respeito a conciliar as rotinas diárias dos colaboradores com a abordagem de projetos, algo fundamental para o design thinking e mais difícil em sistemas hierarquizados ou que ainda seguem uma lógica de comando e controle.

O segundo empecilho-chave só seria resolvido com a mudança de modelos mentais. As pessoas têm de sair do pensamento no "modo automático", justamente o que lhes garante eficiência nas tarefas diárias, para usar o pensamento no "modo manual", que dá flexibilidade.

O programa de pesquisa de design thinking de Stanford, escola pioneira na adoção do método, aponta a relevância de quatro princípios: redesign, ambiguidade, fenômeno social e comunicação. A aplicação de cada um desses princípios no Brasil sofre a interferência de aspectos culturais – da cultura profissional, da organizacional e da nacional.

❝ O programa de pesquisa de design thinking de Stanford aponta a relevância de quatro princípios: redesign, ambiguidade, fenômeno social e comunicação ❞

Redesign. Muitas das inovações de sucesso que temos atualmente no mercado surgiram de soluções de problemas que se apresentaram no passado. É por isso que, na fase inicial do projeto, a pesquisa é tão importante: ela disponibiliza informações que geram insights, e estes, por sua vez, levam a novas soluções. A capacidade de agirmos com base em observações e conhecimento adquirido é fundamental para a inovação.

Assim, é necessária a realização de muitas pesquisas de produtos e serviços encontrados atualmente no mercado. Pesquisas quantitativas devem ser levadas em conta e somadas às pesquisas qualitativas, que são compostas por observações e entrevistas.

Essa fase demanda custos e tempo, o que muitas vezes acaba inibindo os gestores brasileiros, mas, como abordamos a inovação pelo processo de aprendizado, o profundo entendimento do problema e do espaço que ele ocupa é a base das grandes soluções que o grupo alcançará.

Outro obstáculo está no fato de o design thinking trabalhar com o pensamento integrativo, que combina o uso da tradicional lógica racional, tão utilizada pelas empresas, com o raciocínio intuitivo. Como constatamos em repetidas ocasiões, o raciocínio intuitivo é de aceitação mais difícil pelos executivos das organizações.

Uma terceira constatação é que existe, no Brasil, uma predisposição inicial por apresentações mais tradicionais e expositivas. No entanto, à medida que as pessoas vão trabalhando em protótipos e fazendo exercícios mais dinâmicos, elas passam a aceitar melhor o aprendizado experiencial.

Ambiguidade. A educação em geral, e a brasileira em especial, não permite erros. A maioria dos participantes de workshops e projetos tem muita dificuldade em lidar com eles. Ocorre que erros são de suma importância no processo de inovação.

Não estamos pregando que o fracasso seja incentivado, mas,

Quadro I

Saiba mais sobre o **design thinking**

Adotada por grandes empresas, essa metodologia de inovação consegue gerar valor por meio de um profundo entendimento do real problema a ser resolvido e da compreensão das necessidades de todos os públicos de interesse envolvidos.

Há muitas maneiras de aplicar o design thinking, mas os especialistas Reinhold Steinbeck e Edgard Stuber, autores deste artigo, sugerem a abordagem como um processo de aprendizado que se desenrola em quatro fases, não sucessivas e não lineares:

- **Fase I:** entendimento do problema
- **Fase II:** redefinição do problema
- **Fase III:** geração de alternativas
- **Fase IV:** testes das possíveis soluções

no contexto do aprendizado, é crucial que se erre rápido e se aprenda com o erro, a fim de dar continuidade ao processo.

Revisitamos as fases diversas vezes ao longo do processo, o que chamamos de "iteração". Escolhemos um caminho entre várias alternativas e, caso este não ajude, iteramos, o que não pode ser visto como desperdício de tempo e recursos.

Outra dificuldade que observamos nas empresas brasileiras diz respeito ao desconforto com a incerteza, ampliado pela abordagem sistêmica, e não linear, do design thinking. A incerteza vem do fato de que, quando estamos resolvendo um problema, ele está inserido no presente e sua solução estará no futuro.

Como a cultura brasileira tem um pouco mais de dificuldade em aceitar isso, além das restrições de recursos inerentes a um projeto, os participantes acabam se sentindo particularmente inseguros e desconfiados. O antídoto usual é confiar no processo, sabendo que faz parte da solução passar pela ambiguidade, mas, aqui, às vezes há uma expectativa de que a solução venha de um nível hierárquico superior.

Outro momento em que os integrantes apresentam dificuldade é na redefinição do problema. É um grande desafio para a maioria das pessoas, não só brasileiros.

O design thinking investe muito tempo na definição do real problema a ser resolvido – abrindo possibilidades de inovação de ruptura – e as pessoas tendem a querer pular imediatamente para a solução.

Fenômeno social. Peter Drucker tinha razão quando dizia que a inovação é um fenômeno social, não tecnológico; por isso, o design thinking coloca as pessoas no centro de todas as atividades e trabalha com grupos multidisciplinares.

No Brasil, temos vantagem nisso: trabalhamos bem no quesito da cooperação e conseguimos nos conectar com as pessoas de maneira empática. Então, não há obstáculos culturais nesse caso? Não é bem assim. Quando pedimos que executivos observem e abordem as pessoas em suas tarefas diárias, porque a inovação depende do contexto e pede que se vá a campo, eles sentem desconforto. Estão acostumados demais com estatísticas e pesquisas quantitativas.

Outro problema, de organizações daqui e de fora, é o espaço físico. Os layouts tradicionais dos escritórios não estimulam a criatividade. A boa notícia é que ambientes mais flexíveis e despojados estão surgindo.

Comunicação. A utilização de protótipos de baixa resolução é muito poderosa para materializar ideias, melhorando a comunicação entre os membros do grupo e auxiliando-os a transmitir seu pensamento aos prováveis usuários do produto ou serviço.

Prototipar com materiais simples é uma prática ainda pouco difundida nas organizações em geral, mas já vemos os participantes dos projetos compreenderem seu poder de comunicação.

Um aspecto que inspira cuidado, no entanto, é o recebimento de feedback à ideia prototipada, quando se trata de uma crítica. Todos temos dificuldade em ouvir críticas e, na cultura brasileira, isso é particularmente acentuado. O remédio é encorajar os participantes dos projetos a não se apaixonar por suas ideias e a aprender a descartá-las com facilidade.

Outro problema está no medo que as corporações brasileiras geralmente têm de envolver, nos eventos de ideação do design thinking, pessoas de fora das fronteiras organizacionais, tanto clientes como outros atores da cadeia de valor. Esse é um paradigma a ser vencido em prol da cocriação, tão poderosa na geração de novas alternativas para a solução dos problemas mais complexos.

A ideação em si também sofre limitações em nossa cultura. Alguns participantes se sentem intimidados pela presença de superiores nos brainstormings, o que inibe a geração de ideias menos ortodoxas. Outros dedicam-se a vender as próprias ideias, ou as de colegas próximos, em vez de focar a geração de muitas ideias. Protótipos podem ajudar a reduzir esse efeito "nós contra eles".

Fazendo virar rotina

Não podemos inovar o tempo todo; são fundamentais para o ser humano intervalos de estabilidade, a fim de melhorar sua eficiência e ter uma sensação de conforto.

Em outras palavras, as empresas não têm de utilizar o design thinking para tudo o que fazem; o que devem fazer é deixá-lo ser um dos processos que compõem o portfólio organizacional para realizarem seus propósitos, o que pode ser aplicado quando houver um problema complexo na mesa.

Isso entendido, vemos grandes oportunidades para o design thinking no Brasil, na medida em que o mercado se tornar mais exigente e os clientes demandarem melhores experiências.

Uma porta de entrada para a metodologia em nossas organizações é a da capacitação dos colaboradores para resolverem problemas cada vez mais complexos, que exigem mais criatividade – principalmente a capacitação dos que têm contato direto com os clientes: o pessoal de vendas, marketing e assistência técnica.

Ventos sopram a favor do design thinking no País: um deles é o malfadado "jeitinho brasileiro", que nos flexibiliza em relação a outras culturas nacionais. O histórico custo Brasil também é uma espécie de vantagem nossa nesse campo; talvez nos tenha predisposto a desenvolver habilidades importantes para o enfrentamento de problemas complexos.

❝ As empresas não devem usar o design thinking para tudo o que fazem, mas deixá-lo ser um dos processos que compõem o seu portfólio ❞

Por essas razões, o design thinking pode vir a ganhar, no Brasil, a força que os movimentos da produção enxuta e da qualidade tiveram aqui na década de 1980.

Inovar sim, mas sem perder o cliente de vista

por **Florencia Lafuente,** colaboradora de HSM Management

Em entrevista exclusiva, o especialista Mark Johnson, da Innosight, explica como se encontra a brecha deixada por produtos e serviços, tão necessária à inovação radical, e ainda fala sobre a capacitação que ajuda as empresas a dar conta disso.

Existe um princípio inquebrantável relativo à inovação: toda invenção, por mais criativa e vanguardista que seja, deve ser conveniente para os consumidores. Em outras palavras, é preciso que as pessoas estejam dispostas a pagar por ela.

Muitas inovações revolucionárias fracassaram devido à incapacidade das organizações de compreender qual era a "tarefa" que o produto ou serviço realizaria para os clientes – tarefa essa que os consumidores deveriam ser incapazes de fazer até aquele momento por falta de dinheiro para a aquisição de outras ofertas ou pela complexidade.

Em entrevista exclusiva a HSM Management, o especialista Mark Johnson, chairman e cofundador, ao lado de Clayton Christensen, da célebre firma de consultoria Innosight, especializada em inovação estratégica, explicou que a melhor maneira de pensar em inovação é identificando as brechas deixadas por produtos e serviços em termos de "tarefas a realizar" para o cliente. Em seus livros *Inovação para o Crescimento*, escrito com Scott Anthony, Joe Sinfield e Elizabeth Altman (Editora MBooks), e *Seizing the White Space* (sem tradução em português, mas literalmente Ocupando o Espaço em Branco), Johnson não só oferece orientações e modelos para a inovação, como também grande variedade de exemplos de companhias que servem de modelo.

> **❝ A melhor maneira de pensar em inovação é identificando as brechas deixadas por produtos e serviços em termo de 'tarefas a realizar' para o cliente❞**

Em seus livros, portanto, ele focou em inovação de ruptura e em como inovar no modelo de negócio. Para ele, são dois tipos de inovações complementares. "Quando se pensa na inovação de ruptura, imediatamente se vê o ponto de vista do mercado: como entrar em um novo setor de atividade e aumentar as probabilidades de sucesso ali", explica. A inovação no modelo de negócio, por sua vez, representa uma mudança organizacional interna – ou seja, do ponto de vista da gestão; implica analisar o que a empresa deveria realizar de outra maneira para alcançar seus objetivos. "Não estou falando apenas de como modificar produtos e serviços, mas também dos sistemas de distribuição e fornecimento, modelo de receita e enfoque operacional", completa.

Em síntese, a inovação de ruptura é, essencialmente, uma estratégia de mercado. A inovação no modelo de negócio, por sua vez, é um enfoque de mudança organizacional. Mas Johnson alerta: não se trata simplesmente de dizer "temos de mudar o modelo"; antes, a empresa deve se concentrar em uma oportunidade de mercado, o que pressupõe detectar onde há novos clientes com necessidades insatisfeitas do ponto de vista das "tarefas" que os produtos e serviços realizarão. Uma vez que a organização entendeu essa oportunidade, continua, ela então tem de analisar suas consequências em termos de como redesenhar seu modelo de receita e o modelo operacional.

A resposta sobre a frequência com que uma empresa precisa renovar seu modelo de negócio deve surgir, portanto, a partir da seguinte pergunta: "Temos uma estratégia para descobrir que porcentagem de nosso crescimento deve vir de áreas externas ao negócio central?". Uma vez esclarecida essa questão, é preciso perguntar se o esforço exigirá um novo modelo de negócio.

Periodicamente, todas as empresas precisam se fazer essa pergunta. Nas palavras de Johnson, elas devem analisar se há brechas em seu crescimento, se contam com "espaço em branco" para crescer. Esse é o ponto de partida para compreender se há, ou não, necessidade de servir ao cliente de outra forma.

Seja como for, diz o pesquisador, toda companhia deve estar preparada para inovar nesses terrenos complementares ao mesmo tempo: nos produtos e serviços e no modelo de negócio. "E, em minha opinião, as empresas estabelecidas de setores muito dinâmicos, nos quais há várias mudanças geradas por rupturas tecnológicas, regulatórias ou de outro tipo, devem mostrar uma prontidão particular para mudar seu modelo de negócio."

Isso não significa, portanto, oferecer um produto melhor do que o que já existe – na verdade, é uma abordagem totalmente diferente. "O maior mal-entendido é pensar que a inovação de ruptura significa fornecer algo diferente, como uma nova tecnologia. A verdadeira inovação de ruptura tem relação com como atender aos clientes que procuram algo mais simples e de custo mais baixo; pessoas que não compram os produtos existentes porque não têm o dinheiro necessário ou as habilidades exigidas para usá-los", afirma Johnson.

O maior equívoco – enfatiza – é oferecer um produto melhor que o existente e tentar enfrentar as empresas estabelecidas no mercado. "Isso não é ruptura. Eu diria, ao contrário, que é uma estratégia muito perigosa, porque as grandes corporações não aceitarão passivamente."

A melhor estratégia de ruptura, segundo ele, é desembarcar em mercados que não pareçam tão atraentes para empresas estabelecidas, ou porque são pequenos, ou porque se mostram pouco lucrativos. Ou seja, porque não se ajustam aos modelos de negócio das empresas estabelecidas.

Valor para o cliente e para a empresa

No livro *Seizing the White Space*, Johnson define um modelo de quatro caixas que indica a uma companhia que ela não só tem de explicar como cria valor para o cliente, mas também para si mesma, mediante determinados processos e recursos. No processo de inovação defendido pelo autor, que passa por três fases – identificar oportunidades, formular e modelar as ideias, construir o negócio – se concentra na primeira caixa do modelo de negócios: a proposta de valor para o cliente. É a pedra fundamental, porque define a maneira como a empresa espera obter rentabilidade de uma oferta para um conjunto de clientes, por determinado preço.

❝ Há duas categorias de empresas inovadoras, as lideradas por visionários e as dos gestores profissionais ❞

Ele cita alguns exemplos conhecidos, mas afirma que é bom classificá-los devidamente. Segundo Johnson, há duas categorias de empresas inovadoras, as lideradas por visionários e as dos gestores profissionais. Apple e Amazon se encaixam na primeira categoria e inovam em termos de produtos e modelos de negócio. Na segunda classificação estão Procter & Gamble, que se apoiou na inovação para atingir o crescimento orgânico; a Johnson & Johnson, que, apesar dos desafios pendentes, continua sendo muito inovadora; e a IBM, uma companhia de hardware que se transformou em empresa de software e, depois, em uma fornecedora de serviços de TI.

Johnson acredita que a inovação pode estar em toda empresa, dependendo do desafio que enfrenta, e não exatamente em um setor. "Acredito que haja oportunidades reais para que as empresas pensem no que podem fazer de maneira diferente no campo da tecnologia da informação

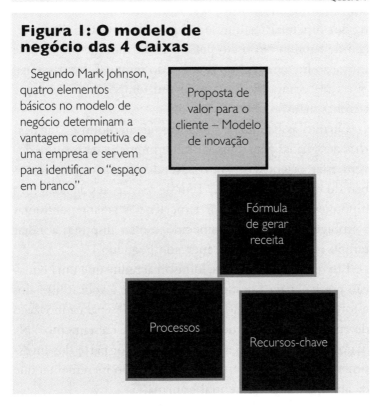

Figura 1: O modelo de negócio das 4 Caixas

Segundo Mark Johnson, quatro elementos básicos no modelo de negócio determinam a vantagem competitiva de uma empresa e servem para identificar o "espaço em branco"

(TI). O mundo digital, a conexão com os clientes por meio das redes sociais, a gestão da informação são todos temas-chave atuais", afirma. "O essencial é oferecer soluções de ponta a ponta, não só vender produtos. Acredito realmente que nesses fronts há oportunidades de inovação poderosas."

Capacitar para a inovação

Empresas com foco em inovação precisam ter colaboradores preparados – e não precisam ser todos. "A primeira coisa que dizemos é que é preferível ter apenas duas ou três pessoas na nova iniciativa de crescimento de ruptura, mas 100% dedicadas ao projeto, a contar com uma equipe de dez funcionários que se ocupam da iniciativa de inovação de ruptura em meio período, cuidando de projetos de inovação incremental no restante do tempo. É fundamental que cada equipe dedique todo seu tempo ao projeto que tem nas mãos", explica.

Quanto às habilidades exigidas, afirma Johnson, as pessoas designadas para a iniciativa de inovação de ruptura devem estar orientadas para o aprendizado, mais para descobrir do que para executar. "Têm de ser capazes de lidar com hipóteses, suposições, levar experiências adiante, enfrentar a ambiguidade e o desconhecido, e estar dispostas a gastar tempo e começar em um mercado pequeno."

Em termos de recursos, Johnson acredita que uma equação possível para a destinação de recursos é aplicar 90% dos esforços para a inovação incremental e 10% para a inovação de ruptura e geração de novas fontes de crescimento. "Na maioria das companhias saudáveis, a maior parte dos investimentos se destina mesmo a essa inovação incremental que dá apoio ao negócio central", afirma.

Outro aspecto importante: ambas as iniciativas devem ser conduzidas separadamente. Esse é o segredo. Os projetos devem ser diferentes porque são necessários processos distintos para cada tipo de inovação.

A febre mundial dos clusters de inovação

por Sílvio Anaz, colaborador de HSM Management, com contribuição de **Lizandra Magon de Almeida**

Cada vez mais governos querem ter empreendimentos de alto impacto, por serem os geradores dos melhores empregos, e escolhem um de dois caminhos: o cluster local, ao modo do Vale do Silício, ou a estratégia nacional, como Israel.

Existe um princípio inquebrantável relativo à inovação: toda invenção, por mais criativa e vanguardista que seja, deve ser conveniente para os consumidores. Em outras palavras, é preciso que as pessoas estejam dispostas a pagar por ela.

Nos anos 1970, o Vale do Silício, região que abrange San Francisco e cidades ao sul, na costa oeste dos Estados Unidos, e a Route 128, estrada próxima a Boston, na costa leste, eram vistos como clusters de inovação em pé de igualdade. Ambos mostravam invejável capacidade de inovar em tecnologia eletrônica.

Na década seguinte, seus destinos foram opostos. Enquanto o Vale do Silício deu à luz uma nova geração de empresas de semicondutores e computação, como a Sun Microsystems, e companhias como a Intel e a Hewlett-Packard vivenciaram dinâmico crescimento, a região da Route 128 sofreu um declínio que se mostrou irreversível.

Por que um ecossistema de empresas decolou e o outro não, se nos dois casos havia competição e cooperação, como pregou o especialista em estratégia Michael Porter ao ressaltar ao mundo a importância dos clusters para a competitividade?

Essa é a "pergunta de US$ 128 bilhões" – já que esse foi o lucro registrado em 2014 pelas principais empresas do Vale do Silício, e medido pelo índice de ações SV 150. O mundo inteiro está tentando replicar o fenômeno neste século 21, por estar provado que startups inovadoras crescem rápido e geram bons empregos. E a febre não tem previsão de baixar.

Só o governo dos Estados Unidos tem investido em mais de quarenta clusters regionais no país, em setores como energia, agricultura e tecnologias avançadas de defesa. Um único desafio de inovação chega a ganhar vários clusters, como é o caso das tecnologias que envolvem água, com dois clusters em Ohio – Cincinatti e Cleveland – e um na Pensilvânia, em Pittsburgh.

Em outros países, os esforços são igualmente respeitáveis. Na Rússia, foi fundado em 2010 o cluster Skolkovo, nos arredores de Moscou, com investimentos em uma universidade, projetada pelo Massachusetts Institute of Technology (MIT), uma fundação e um parque tecnológico; na França, o cluster Paris-Saclay começou a ser erguido em 2013 com a fusão de seis escolas de engenharia.

Em Singapura, a Biopolis se converteu de 2003 para cá em um dos mais importantes clusters de biotecnologia do mundo, com cerca de cinco mil cientistas ali.

Voltando à pergunta de US$ 128 bilhões, a diferença entre o Vale do Silício e a Route 128 foi a rede, segundo um estudo de AnnaLee Saxenian. A pesquisadora da University of California em Berkeley explica que, enquanto a Route 128 tinha uma estrutura industrial baseada em empresas independentes, o Vale do Silício criou um sistema verdadeiramente em rede, do tipo que promove aprendizado coletivo e parcerias flexíveis entre as companhias.

❝ O governo dos Estados Unidos tem investido em mais de 40 clusters regionais no país, em setores como energia, agricultura e tecnologias avançadas de defesa ❞

Conforme Saxenian, também encorajaram o empreendedorismo a densa rede social da região – muitos empreendedores eram alunos de Stanford e ainda próximos da universidade – e o mercado de trabalho aberto, aspectos não encontrados na Grande Boston. Ela explica que é nesse cenário que as fronteiras organizacionais se tornam porosas – dentro das empresas, entre empresas e entre estas e instituições como universidades e institutos de pesquisa –, e essa porosidade é crucial.

No entanto, o segundo cluster mais bem-sucedido do mundo, Israel, iniciado em 1993, tem uma história bem diferente da do Vale. Se, na Califórnia, a iniciativa partiu de empreendedores ligados à universidade e foi acontecendo de maneira espontânea, em Israel, o governo planejou e orquestrou um programa estratégico de longo prazo para transformar o país na "nação startup" que é hoje, com o impressionante índice de um empreendimento iniciante para cada 1,6 mil habitantes.

Então, as perguntas recomeçam: quão fundamental é um cluster para uma região inovar? Ele pode se estabelecer com crescimento natural, e até caótico, ou deve seguir um plano? O papel dos governos é como o do governo russo, que investiu o equivalente a US$ 2,5 bilhões em Skolkovo?

E, ainda, a inspiração principal deve ser o Vale do Silício, Israel ou nenhum deles? Há cases extremamente interessantes na Itália, por exemplo. E quais os desafios para o Brasil [veja quadro na pág. 82]?

Por fim, desenvolver (e integrar) um cluster continua a ser obrigatório para inovar, mesmo na era digital, marcada por relacionamentos virtuais?

Cluster é fundamental

Membro do conselho de inovação do presidente norte-americano, Barack Obama, Curtis Carlson é definitivo quanto à necessidade do cluster para inovar em escala. "Não existe outra opção. É preciso que os empreendedores e inovadores trabalhem juntos em um mesmo lugar", disse o CEO do SRI International, um dos mais importantes centros de inovação do mundo.

Falando com exclusividade a HSM Management em passagem pelo Brasil, ele acrescentou que a quantidade de líderes – de governo e comunitários – que estão planejando um sistema de inovação é "inacreditável". "Hoje, toda cidade dos Estados Unidos tem um plano para aumentar a capacidade de inovar." Vale observar que Carlson prefere utilizar a expressão "sistema de inovação" a "cluster" e que reconhece o planejamento, validando tanto o modelo californiano como o de Israel.

Sobre o planejamento, as opiniões se dividem no mundo inteiro, e a academia brasileira não é exceção. Renato Garcia, professor do Instituto de Economia da Universidade Estadual de Campinas (Unicamp), acredita que clusters como o Vale do Silício continuam a ser uma das estratégias mais eficientes para impulsionar o empreendedorismo e a inovação em setores de alto impacto.

Garcia, que se situa ele mesmo dentro de um cluster inovador, em Campinas (SP), oferece uma explicação: "A proximidade geográfica entre as empresas e entre estas e institutos de pesquisa e universidades estimula a colaboração, por meio das interações frequentes e dos contatos pessoais, o que facilita o aprendizado".

Já Carlos Arruda, especialista em estratégia e inovação e coordenador, no Brasil, do Global Competitiveness Report, ligado ao Fórum Econômico Mundial, e dos estudos World Competitiveness Yearbook, do IMD, crê que isso não basta; é necessária uma estratégia nacional, de longo prazo, e de implementação sustentável. "A formação de redes pressupõe a construção de uma agenda de futuro", justifica.

Arruda apresenta como argumento pró-estratégia o cluster canadense MaRS Discovery District, localizado em um quarteirão do centro de Toronto, focado nas áreas de saúde, energia e educação. "O MaRS foi constituído como uma organização sem fins lucrativos e elaborou um plano há mais de dez anos, que está sendo consistentemente implementado, sem descontinuidade", conta ele.

Papel do governo

O planejador não precisa ser o governo; pode ser um centro de inovação, uma universidade, um investidor, uma entidade de empreendedores etc. Mas o papel do governo é financiar? Na França, por exemplo, o governo tem financiado os empreendedores bancando até 70% de seu último salário durante dois anos. Para Carlson, não é papel do governo emprestar dinheiro, e sim criar o sistema de inovação, providenciando a reunião dos elementos básicos [*veja quadro 1*].

Os 6 elementos

Para Curtis Carlson, CEO do SRI International, os cinco elementos básicos de qualquer sistema de inovação são: talento empreendedor, pesquisa, universidade, incubadora/aceleradora e venture capital. E a eles se soma um sexto elemento, que é a visão global.

Na análise de Carlson, o Brasil está carente de dois desses recursos: o venture capital e a visão global. "Dá tempo de o Brasil virar esse jogo empreendedor, mas, de um lado, o governo brasileiro deveria incentivar o venture capital em vez de investir ele mesmo e, de outro, as empresas precisam deixar de focar só o Brasil, por maior que seja o mercado doméstico, e pensar em inovação para o mundo."

Falando como investidor, Pedro Melzer, sócio do fundo VC e-Bricks Early Stage, concorda que o hábito de lançar produtos globais é chave, e falta ao Brasil. "Há dois lados nisso: o produto

E também cabe ao governo educar as pessoas desde crianças – sem educação, elas não participarão desse sistema –, investir em pesquisa nas universidades e tratar melhor as empresas nascentes. "Uma startup exige os cuidados de um bebê; não pode ser tratada da mesma forma que uma empresa adulta", diz Carlson.

Para o economista Scott Wallsten, do Technology Policy Institute, especializado em inovação, os governos usam duas estratégias principais para estimular o empreendedorismo:

- Criação de fundos públicos de venture capital, por meio do subsídio direto para startups.
- Construção de parques tecnológicos para atrair empresas de alta tecnologia.

Wallsten analisou ambas as políticas em várias regiões dos Estados Unidos ao longo dos anos 1980 e 1990 e concluiu

---

Quadro I

global dá uma dimensão maior de mercado para a empresa e esse produto terá de concorrer mundialmente também, com produtos de outras empresas, o que o levará a ser melhor."

No que se refere ao VC, Melzer entende que a participação do governo, seja por meio do Banco Nacional de Desenvolvimento Econômico e Social (BNDES) ou da agência Finep, em fundos VC muitas vezes engessa a gestão das empresas. "Essas instituições exigem participar do comitê de investimento, mas não têm condição técnica para isso, pois os modelos de negócio não óbvios, inovadores, exigem preparo específico."

O especialista em estratégia e inovação Carlos Arruda chama a atenção ainda para a fragilidade do elemento "universidade", apontando a falta de incentivo para que esta inove. "Se um professor desenvolve uma pesquisa que gera uma licença, ele ganha 20% de direitos autorais no Brasil, enquanto em Israel a participação é de 50% e em Oxford pode chegar a 100%."

que nenhuma dessas estratégias teve sucesso significativo no estímulo ao desenvolvimento tecnológico regional.

Um estudo do Banco Mundial recomenda uma parceria entre governo e setor privado em prol da inovação. Segundo ele, o governo deve remover barreiras de entrada e saída das empresas em um cluster, criar instituições de pesquisa e desenvolvimento que abasteçam as necessidades coletivas das empresas do cluster e fornecer, sim, capital, além de mão de obra altamente especializada.

> **❝ O modelo israelense está servindo de parâmetro para Espanha, Irlanda e Dubai, entre outros que tentam replicá-lo ❞**

Ao setor privado, o estudo atribui funções como identificar novos produtos e segmentos do mercado, desenvolver estratégias que ampliem o alcance do negócio e melhorar as tecnologias e a gestão para alcançar maior produtividade.

Israel, o mais replicado

Ben Lang é um jovem empreendedor israelense. Nem completou 20 anos e já fundou três empresas; ele encarna o espírito startup. De onde vem seu impulso para empreender? Ele o atribui à proximidade com a universidade – onde pode cursar programas voltados para o empreendedorismo –, à massa crítica de investidores, à grande quantidade de aceleradoras e à intensa programação de eventos sobre o tema.

Israel, do tamanho de Sergipe, tem startups em todo o país, mas a maior concentração fica no chamado Silicon Wadi (wadi é vale, em árabe, e silicon, silício, em inglês), faixa de terra entre Tel Aviv e Haifa, à margem do mar Mediterrâneo.

Dan Senor e Saul Singer, autores do livro *Startup Nation*, têm mais uma explicação. Segundo eles, o papel das forças armadas no estímulo ao desenvolvimento de soluções inovadoras e na formação de uma mentalidade de empreendedorismo e liderança nos jovens israelenses é imenso. Após o serviço militar obrigatório – três anos para homens e dois para mulheres –, eles retornam à vida civil com experiência na solução de problemas e capacidade de decisão obtidas nos campos de batalha.

Olhando de longe, o brasileiro Daniel Cunha, sócio do fundo de venture capital (VC) Initial Capital, que investe no Brasil e em Israel, lembra que o tamanho pequeno obrigou o Silicon Wadi a ter visão global e diz que o empreendedor do país consegue, como o da Califórnia, não se preocupar em gerar receita rápido e ter como foco fazer um produto sensacional. "Seu ecossistema tem liquidez suficiente para apoiar essa estratégia e os respectivos riscos."

Ainda que tenha particularidades culturais e políticas, o modelo israelense está servindo de parâmetro para Espanha (e seus empreendedores de biotecnologia), Irlanda e Dubai, entre outros que tentam replicá-lo. O programa Startup Chile, que desde 2010 oferece capital para inovadores estrangeiros, segue o modelo israelense de estratégia de maneira ousada.

O professor da Wharton School Stephen Sammut, também sócio de um fundo de VC, discorda de qualquer tentativa de emular Israel ou o Vale. Ele diz: "Os melhores modelos estão sempre dentro de casa. Melhor seria, por exemplo, que as empresas de biotecnologia espanholas buscassem inspiração em suas antecessoras que já obtiveram bons resultados".

Qual é o mapa da mina brasileiro?

O Brasil tem muitos problemas para resolver, logo o Brasil é um mercado comprador para clusters de inovação. Essa é uma lógica tão irrefutável quanto "penso, logo existo", uma vez que, onde há um problema para resolver, há uma oportunidade para empreender e inovar.

A pergunta é: em que medida a oferta está à altura da demanda?

A oferta não para de crescer e hoje já há cerca de noventa parques tecnológicos, ou clusters, no Brasil, como informa o site da Associação Nacional de Entidades Promotoras de Empreendimentos Inovadores, a Anprotec, um número significativo.

"Em um cluster típico, as empresas juntam-se para enfrentar e resolver problemas, por meio de pesquisa e desenvolvimento, e de inovação", confirma Sérgio Rezende, um dos maiores especialistas no assunto, ex-ministro da Ciência, Tecnologia e Inovação (2005-2010), que também comandou a agência Finep, uma das principais financiadoras de pesquisa e inovação do Brasil.

No entanto, só uma dúzia de clusters brasileiros faz jus a esse nome, na opinião de Rezende. "Entre nossos 'parques tecnológicos', poucos são clusters inovadores de fato; a maioria é ocupada por empresas fabricantes de tecnologia avançada, mas que não inovam, ao menos não como acontece lá fora." Conforme o ex-ministro, tudo o que envolve parques tecnológicos e pesquisa e desenvolvimento no Brasil é muito novo. Por essa razão, clusters que fazem inovação e clusters que fabricam tecnologia recebem igual classificação – de parque tecnológico. Essa visão de Rezende não é unânime, no entanto; embora muitos empreendedores inovadores a tenham corroborado a HSM Management, em conversas informais, a Anprotec discorda dela.

Inovadores de fato, eles são competitivos em inovação? Em uma análise rigorosa, sim e não.

O otimismo se relaciona, por exemplo, com a atuação de incubadoras e aceleradoras. Um estudo de 2012 com 384 dessas entidades conta que 2,5 mil empreendimentos de base tecnológica que foram incubados (já graduados) geram faturamento anual de R$ 4,1 bilhões e 29,2 mil empregos do tipo que paga mais e exige maior qualificação profissional.

Melhor ainda, a inovação está presente em 98% das empresas incubadas e só 28% se limitam ao mercado regional; 55% têm alcance nacional, e 15%, foco mundial, segundo o estudo, que foi realizado pela Anprotec e pelo Ministério da Ciência, Tecnologia e Inovação (MCTI).

Mais uma razão de otimismo, conforme Rezende, é que a história dos clusters de inovação está apenas começando no Brasil, quando em muitos países é antiga. Pesquisadores, só os temos de 1970 para cá, e foram eles, professores de universidades federais, que deram início a muitos clusters. O primeiro fundo de venture capital (VC), crucial, surgiu em 1999. Uma empresa só pode receber dinheiro público desde 2005, quando foi regulamentada a Lei da Inovação.

Entre os aspectos negativos, o primeiro é a pouca sinergia entre os clusters brasileiros.

Também se lamenta que, na maioria dos casos, sejam entidades públicas a organizá-los; a iniciativa privada ainda tem atuação discreta.

Outro problema está na baixa interação das empresas vista dentro do cluster; em muitos casos, não se estabeleceu a rede.

CONCENTRAÇÃO NO SUL E SUDESTE

Entre os clusters mais inovadores do Brasil, na visão de Rezende, destacam-se os do Centro-Sul do País. Os de São José dos Campos e São Carlos, em São Paulo, e o de Santa Rita do Sapucaí, em Minas Gerais, são extremamente dinâmicos, por exemplo.

Uma exceção à regra, no Nordeste, é o cluster de Campina Grande, na Paraíba, que remonta à década de 1970. "Empresas de base tecnológica foram sendo criadas por professores da faculdade de engenharia da Universidade Federal da Paraíba, por conta das inovações que tinham feito, e houve o impulso de um diretor progressista, Linaldo Cavalcante", relata Rezende, em uma história que lembra a de outro dos clusters mais fortes do País, o do Recife, escolhido como estudo de caso deste Dossiê.

Um terceiro cluster promissor do Nordeste é o Parque Tecnológico da Bahia, em Salvador, implantado em 2012 pelo governo estadual, que ainda não tem densidade de cluster, mas vem evoluindo, perto de centros de pesquisa e universidades.

Os segmentos preferidos dos clusters brasileiros são tecnologia da informação e da comunicação, energia e tecnologia limpa, economia criativa e ciências da vida.

Entre os clusters não inovadores, Rezende aponta o da Ilha do Fundão. "Quando digo que se faz pouca inovação na Ilha do Fundão, penso principalmente nas empresas privadas que integram o cluster e nas novas empresas da área de petróleo estrangeiras que estão indo para lá, as quais são mais fabricantes do que propriamente inovadoras." Rezende observa, porém, que a Coppe [escola de engenharia ligada à Universidade Federal do Rio de Janeiro] e o Cenpes [centro de pesquisa da Petrobras] são duas entidades públicas muito importantes, que estão fomentando a criação de startups e atraindo novos centros de P&D de outras empresas. (Sandra Regina da Silva, colaboradora de HSM Management)

Nosso varejo e o dilema da inovação

por Ana Hubert, gerente sênior da PwCBrasil
e especialista em varejo

Especialista da PwC, Ana Hubert afirma que as fusões e aquisições e a busca de menores custos restringem o investimento em tecnologia.

As transformações tecnológicas e demográficas que estamos presenciando vêm causando enormes impactos nas empresas de varejo e no mercado consumidor, com movimentos importantes nos padrões de consumo e novas demandas a atender. Os líderes empresariais estão conscientes das implicações desse fenômeno: 40% dos CEOs brasileiros disseram estar preocupados com os riscos que as mudanças nos gastos e no comportamento dos consumidores podem representar, de acordo com a 10ª edição da Pesquisa de Líderes Empresariais Brasileiros, da PwC, divulgada em 2014.

A inovação, portanto, passa a ser uma questão de sobrevivência para as empresas, especialmente em setores que enfrentam rápida evolução tecnológica e crescentes demandas dos clientes, como no varejo. As organizações com visão mais abrangente de futuro buscam incessantemente inovações que possam lhes trazer vantagem competitiva e crescimento.

No varejo, a inovação depende em grande parte de tecnologia, principalmente com a ênfase cada vez maior do meio digital entre os consumidores. No entanto, o investimento desse setor em tecnologia no Brasil ainda é tímido. De acordo com o instituto de pesquisas tecnológicas Gartner, as empresas de varejo no Brasil investem cerca de 1,4% de sua receita em tecnologia, enquanto nos EUA só em serviços de internet são investidos em torno de 6,7%.

Somado a isso, nos últimos anos, vivemos um intenso movimento de fusões e aquisições no varejo. Tivemos a aquisição do Ponto Frio e Casas Bahia pelo Grupo Pão de Açúcar, da Lojas Maia e Baú da Felicidade pelo Magazine Luiza e a criação da Máquina de Vendas, por meio da associação entre Ricardo Eletro, Insinuante, City Lar, Salfer e Eletro Shopping.

Em 2013, tivemos mais de 80 transações de fusões e aquisições no varejo brasileiro. Esse movimento fica evidenciado no Ranking Ibevar (Instituto Brasileiro de Executivos de Varejo e Mercado de Consumo), que classifica as 120 maiores empresas do varejo no Brasil e mostra que 45% delas são multibandeiras, agrupando várias marcas.

Essas transações absorveram boa parte dos investimentos dessas empresas e, além disso, os recursos destinados à tecnologia priorizaram a necessária integração dos sistemas internos e operações, reduzindo ainda mais a parcela destinada à inovação nesse momento.

A lógica do ainda baixo investimento em tecnologia no setor deve se manter nos próximos anos, considerando a tendência de consolidação. Um indicador nesse sentido é a diferença entre o primeiro e o décimo lugar do Ranking Ibevar. O faturamento do Grupo Pão de Açúcar (R$ 64 bilhões), líder do ranking, é dez vezes maior do que o da Raia Drogasil (R$ 6,4 bilhões), décima colocada, indicando espaço para consolidação.

> **❝ No varejo, o investimento desse setor em tecnologia no Brasil ainda é tímido ❞**

Outra métrica do Ranking Ibevar evidencia o baixo investimento em inovação: 53% das maiores empresas de varejo no Brasil atuam em vários canais, mas o consumidor não parece impactado por essa "multicanalidade". No País, em média, somente 12% dos consumidores realizam compras em mais de um canal da mesma marca, de acordo com a pesquisa Total Retail Survey, realizada pela PwC. Nos EUA, a média é 50% maior (18%).

A utilização de tablets, celulares e smartphones e a facilidade de comparar preços, marcas e produtos na internet também provocaram transformações no comportamento de compra do consumidor e o tornaram mais exigente. A mesma pesquisa mostra que 38% dos consumidores brasileiros compram produtos por meio de dispositivos móveis pelo menos uma vez por mês, 59% gostariam de poder consultar on-line informações sobre o produto que estão comprando em uma loja física e 49% preferem comprar on-line pela comodidade de realizar compras sem sair de casa. Ou seja, os consumidores estão buscando melhorar a experiência de compra, comparando preços e produtos, buscando comodidade e oferta de serviços diferenciados.

Pressionado por melhores resultados (considerando que em 2013 as vendas do setor como um todo cresceram 3,6% e a projeção para este ano é de apenas 2%), o varejo busca alternativas para reduzir custos e, em certos casos, parece ir em sentido contrário aos anseios do consumidor. Alguns varejistas, por exemplo, optaram por reduzir a oferta de frete grátis para as compras on-line – em 2013, a entrega gratuita diminuiu 50%, o que afeta a comodidade e a diferenciação, valorizadas pelo consumidor.

Enquanto no Brasil os varejistas focam seus esforços no crescimento por meio de fusões e aquisições ou de redução de custos, nos EUA eles parecem mais atentos às demandas geradas pelas mudanças no comportamento dos consumidores. Entre as recentes inovações, a Zappos lançou seu Assistente Pessoal Digital (Ask Zappos), na versão beta, o que pode revolucionar as vendas do comércio, enquanto a Amazon (além dos drones e da promessa de entregas no mesmo dia no futuro) lançou uma loja de impressão 3D, para fazer produtos customizados.

> **❝ A utilização de tablets, celulares e smartphones está tornando o consumidor mais exigente ❞**

A busca de melhor rentabilidade também é uma realidade nos EUA, mas lá o investimento tem sido direcionado a ações que combinem menor custo com a experiência de compra desejada pelo consumidor. Exemplo disso foi a ação da BestBuy para otimizar o fenômeno do showrooming, que é a prática dos consumidores de irem a uma loja física para ver e experimentar os produtos que desejam e obter informações de vendedores treinados para depois pesquisar preços e comprar on-line. Uma pesquisa do Google mostra que nos EUA 74% dos consumidores fazem showrooming antes de comprar eletrônicos.

Embora não vendesse os produtos, a BestBuy percebeu que os estava promovendo dessa maneira e fez acordo com alguns de seus fabricantes cobrando-lhes pela utilização do espaço físico das lojas (como mídia) e do conhecimento de sua força de vendas. Essa ação lhe permitiu praticar preços mais baixos e conseguir concorrer com o canal on-line, sem perder em rentabilidade.

O investimento em consolidação e em redução de custos vai continuar no Brasil, mas nosso varejo não pode esquecer que é necessário investir também em inovação para os consumidores.

Cada vez mais, estes buscam experiências customizadas, não são mais leais às marcas, querem realizar compras em tempo real e com preços baixos e utilizam seus dispositivos móveis quase em tempo integral para buscar informações e conteúdos sobre marcas e produtos.

A urgência da inovação

por **Chris Stanley,** colaborador de HSM Management

Os verdadeiros impulsionadores da eficiência energética e das práticas de menor impacto sobre o planeta não são os consumidores, mas as cadeias de fornecimento e os negócios entre empresas, como afirma o especialista em economia verde Joel Makower. E isso impacta diretamente a inovação.

A preocupação com a sustentabilidade vem afetando profundamente a maneira como as organizações desenvolvem suas estratégias, abordam a inovação e vendem seus produtos. Joel Makower, respeitado consultor, e empreendedor da área, fundador do GreenBiz Group e da Clean Edge, nos Estados Unidos, conhece essa questão melhor do que a maioria das pessoas. Considerado o "guru das práticas de negócios verdes" pela *Associated Press*, é autor de diversos livros, dos quais o mais recente é *A Economia Verde: Descubra as Oportunidades e os Desafios de uma Nova Era dos Negócios* (ed. Gente), escrito com Cara Pike.

Em entrevista exclusiva a HSM Management, ele analisa o impacto da economia verde sobre os negócios em todos os níveis, identifica algumas companhias que estão se adaptando bem à nova realidade e explica por que são as próprias empresas que lideram a marcha em direção a uma economia mais limpa e eficiente.

Para começar, Makower define a economia verde em três vertentes. A primeira delas é um mundo de tecnologias limpas e empreendimentos inovadores respaldados pelo capital de risco e ligados a energia, transporte, uso de água e novas matérias-primas. A segunda é formada por pequenas empresas, como agências de viagens, oficinas mecânicas para automóveis verdes e restaurantes verdes. São negócios que integram os valores ambientais e sociais a sua maneira de operar e os convertem em parte significativa de sua proposta de valor, explica ele. E a terceira, e talvez a mais importante, é a economia relacionada às grandes organizações mundiais. "Ao longo de anos, muitas delas integraram o tema ambiental a suas operações e, silenciosamente, o alinharam a sua estratégia central e a suas fontes de valor", afirma Makower.

Entre os motivos que levam as grandes empresas a prestar atenção à economia verde estão "não provocar danos", "obedecer à regulamentação" e "deter ações ruins, mesmo que sejam legais". Ele explica que, nos anos 1990, tiveram início as iniciativas para aumentar eficiência, diminuir custos, melhorar reputação e, então, conseguir bons resultados, tanto financeiros como ambientais. Com isso, chegamos a uma situação em que a tarefa não é apenas otimizar o resultado final, mas aumentar o faturamento total. "Como o verde se transforma em plataforma de inovação e desenvolvimento de novos produtos e serviços, em novos sistemas comerciais? É aqui que a conversa fica interessante."

Sinergias e estratégia

Muitas inovações já estão acontecendo nesse sentido, estimuladas pela economia verde. Segundo Makower, com a confluência de tecnologias em energia, informação, construção civil e indústria automobilística, por exemplo, muitas organizações participam de negócios em que nunca estiveram, como o da energia que não consome carbono, petróleo, gás ou combustível nuclear. "É o caso de DuPont, Dow, Basf e outras", explica. "A DuPont fabrica 11 dos 12 materiais que compõem uma célula solar. Empresas do setor de tecnologia da informação, como Intel, Microsoft, Oracle e Sun, também participam dessa onda, ao produzir infraestrutura, sistemas de gestão e edifícios inteligentes. Não se pode dizer que a IBM seja uma das mais inovadoras da área, mas ela se concentra nas oportunidades que a combinação de tecnologias oferece. O mais interessante é a estratégia por trás disso."

Nesse sentido, as empresas estão começando a se perguntar sobre como trabalhar em um mundo em que energia, água, matérias-primas, carbono e toxicidade são limitações e que oportunidades surgem com isso. "Em certa medida, os desafios ambientais e as limitações de recursos estão levando empresas a revisar suas estratégias e posicionamentos", acredita. E então as empresas se perguntam: "Estão no negócio de venda de automóveis ou de mobilidade?"

> **" Os desafios ambientais e as limitações de recursos estão levando empresas a revisar suas estratégias e posicionamentos "**

O grande desafio para implementar essas estratégias é o mesmo exigido para enfrentar muitas outras facetas do mundo atual: a dificuldade de mudar. "Primeiro, porque a mudança inclui todas as funções dentro de uma empresa e também afeta a cadeia de fornecimento. Até melhorias consideradas graduais e triviais acabam se tornando difíceis. A Starbucks precisou de dez anos para atingir 10% de material reciclado em seus copos. Teve de trabalhar com seus fornecedores e com a FDA [agência reguladora da produção de alimentos e medicamentos dos Estados Unidos] para cumprir requisitos de desempenho, experiência do cliente, estética e custos", afirma.

Outro problema, segundo Makower, é que a maioria das empresas conhece pouco sobre as implicações ambientais do que está fazendo. É o caso, por exemplo, da Coca-Cola, que há alguns anos decidiu saber como afetava o aquecimento global. "Descobriu que as máquinas de refrigerantes, com sua demanda de energia, eram o ponto mais crítico de toda sua operação. Associou-se, então, ao Greenpeace e, nos Jogos Olímpicos de Pequim, apresentou uma máquina verde que reduz a emissão de gases do efeito estufa em 99%."

As motivações para que uma empresa do porte da Coca-Cola entre nesse processo são muitas. Makower explica que esse tipo de decisão é resultado da pressão de grupos ativistas, mas acontece também de as empresas descobrirem que o "verde" cria valor em relação a custos, vendas, qualidade, redução de riscos, atração e retenção de talentos e lealdade do consumidor, entre outros benefícios. "No caso da Coca-Cola, creio que teve a ver com o fato de muitas outras grandes companhias estarem avaliando sua pegada ecológica. No entanto, também acredito que ela tenha reconhecido que essa inovação lhe geraria diversas fontes de valor que, de outra maneira, não seriam aproveitadas. Em alguns setores, a concorrência é muito próxima. Por isso, a FedEx e a UPS competem cabeça a cabeça para mostrar quem é mais verde, assim como a Dell e a HP, a Coca e a Pepsi. E cada vez mais veremos isso entre as montadoras de automóveis", observa.

As empresas vêm eliminando ineficiências, porém menos em favor da Terra do que das boas práticas de negócios

Contradições

Apesar dessa mobilização das grandes empresas, o consumidor não está mudando tão rapidamente. Makower afirma que não enxerga mais consumidores verdes hoje do que via há vinte anos. Isso acontece, acredita, porque os consumidores do mundo industrial dizem uma coisa e fazem outra. "Afirmam que querem ser parte da solução, mas não fazem muito a esse respeito. Desejam a mudança, sem que precisem mudar. O que estão dizendo é que tomarão uma decisão verde se ela vier atrelada a uma marca que conhecem e na qual confiam, se a compra puder ser feita no lugar de sempre, se o preço for o mesmo, se a qualidade for pelo menos equivalente e se o produto tiver alguma vantagem além de ser verde", pondera.

Entre as poucas marcas que conseguiram cumprir esses requisitos está o modelo Prius, da Toyota, exemplifica o especialista. "O consumidor conhece o fabricante e confia nele (ou costumava confiar), compra o carro na concessionária, dirige-o como qualquer outro veículo, abastece no lugar de sempre e o que poupa nos postos compensa a diferença de preço de aquisição. Além disso, para algumas pessoas, o Prius é muito atraente, é parte de sua imagem."

A força para que as companhias continuem a mudar, portanto, deve vir de outras empresas. Makower afirma que a verdadeira força estará nos negócios B2B [business-to-business], como a compra de uma frota de automóveis ou de computadores. "Não são os donos de residências que lideram a demanda por materiais de construção verdes, mas os de imóveis comerciais. A demanda não vem dos consumidores, e sim de cadeias de fornecimento e departamentos de compras. O resultado é que nós, consumidores, somos compradores verdes apesar de nós mesmos, porque os produtos que adquirimos são mais eficientes. As empresas vêm eliminando ineficiências, porém menos em favor da Terra do que das boas práticas de negócios."

Diante desse cenário, cabe ao governo um papel fundamental, que é o de determinar um preço para o carbono. "Com isso, muitos incentivos passarão a ir na direção certa. A energia alternativa vai ser mais eficiente em custos e os equipamentos e veículos eficientes em energia serão mais competitivos. A fabricação buscará processos mais eficientes também e o transporte de produtos em todo o mundo mudará em termos de modalidade e eficiência", afirma. "Pôr um preço no carbono começaria a mudar a conversa e enviaria sinais claros para o mercado, favorecendo fontes de energia que sejam eficientes, alternativas, domésticas e limpas."

Makower diz que se sente otimista, pois estamos vivendo um momento emocionante para participar dos negócios, dada a magnitude da inovação que vem dos requisitos de eficiência, ética da sustentabilidade que nosso planeta impõe a nosso modo de vida. "Na maioria dos dias, levanto-me otimista, e espero continuar emocionado e energizado por tudo o que está acontecendo", afirma.